勿空与无师

一觉同学 著

人民东方出版传媒
東方出版社

今天，是你余生的第一天，
祝你生日快乐！

勿空：师父，您的生日是哪一天？

无师：今天！

勿空：不是吧，这么巧？那，祝您生日快乐哈！

无师：谢谢，同乐同乐！

勿空：那您知道我的生日是哪一天吗？

无师：今天啊！祝你生日快乐！

勿空：什么啊？哪有那么巧的事？不是今天啦。

无师：生日就是生命的第一天喽，过去的日子只存在于你的记忆里，在现实生活中已经没有了。而今天，就是你余生的第一天，那不就是生日吗？

勿空：啊！原来还有这层意思，受教了。

无师：珍惜每一天，修行就在当下！

勿空：嗯嗯，是的，好好珍惜，积极感悟每一个当下。谢谢师父！

目录

一月主题：烦恼与痛苦

初春的浅水

勿空与无师

勿空：师父，您为什么给我起名叫勿空呢？我们不是要体悟空性吗？

无师：勿空，取“勿著于空”的意思，我们学习的确需要体悟空性，然而，只有当你把“体悟空性”的念头真正放下时，才能抵达智慧的彼岸啊。

勿空：哦！原来是这个意思。那您为什么给自己起名叫无师呢？难道您是“无师自通”吗？

无师：开悟这件事，别人是帮不了你的，你必须靠自己。真正的老师就是你自己，我不是你的老师，我只是你这段生命旅途中遇到的同路人。

勿空：嗯，有点意思。

无师：我们往往很懒惰，遇到问题，习惯第一时间找人去问，希望直接得到答案。

勿空：那应该怎么办呢？

无师：你的老师其实就住在你的心里，最终真正能帮到你的人只有你自己！遇到问题，不要总是期望他人给你答案，先静下心来，自己积极思考，当你真正放下所有杂念时，答案或许就慢慢浮现出来了……

烦恼来自于执着

勿空：师父，请问烦恼到底是从哪儿来的？

无师：来自你想要去除烦恼的执着。

勿空：不是吧？想要去除烦恼不是我们每个人修行的目的吗？怎么反而成了原因呢？

无师：修行的路上，有希求就会有烦恼。希求越多，烦恼越大。如果希求长生不老，估计你会烦恼一辈子。希求没有烦恼，你做不到的话，这个烦恼就一直伴随你左右。你看，烦恼不就来自你希求不生烦恼的执着吗？

勿空：那怎么办呢？我们不都是追求快乐，希求没有烦恼地过日子吗？

无师：烦恼与快乐是共生的一对，没有烦恼的对照，便不会感受到快乐。你不用执着于追求快乐，也不用执着于不生烦恼，因为越执着于此便越心生烦恼。你要做的只是接受烦恼的存在，以平常心面对烦恼和快乐这一对“活宝”的生灭。

勿空：嗯，烦恼也是一种人生体验哈。

无师：是，但烦恼也是你升起智慧的契机，好好利用吧。

勿空：嗯嗯，谢谢师父。

你也把佛学反了吗？

勿空：师父，学佛能保佑自己发大财吗？

无师：反了，学佛是保佑你断除对金钱的欲望与执着。

勿空：那，学佛能保佑我身体健康、长命百岁吗？

无师：反了，学佛是保佑你能够不再贪恋色身，看清生命本质。

勿空：那，佛和菩萨能帮我铲除遇到的困难和障碍吧？

无师：又反了，学佛是让你认清诸行无常，遇到逆境不起嗔心，以慈悲待人。

勿空：啊？我错得这么离谱吗？难道学佛不是为了让自己得到保佑的吗？

无师：学佛不是为了保佑自己，而是为了放下对自我的执着。

勿空：啊……

问题和答案

勿空：师父，我发现自己总是被很多问题困扰，找不到答案。

无师：那是因为你认为问题就是问题，答案就是答案。

勿空：啊？不是这样吗？可我的确是有问题、没答案啊！

无师：那只是表象，其实问题本身就是答案，两者无二无别！

勿空：什么？这怎么可能呢？如果无二无别，怎么还需要去寻找答案呢？

无师：因为你把这两者分得很清楚，才会到处寻求答案。其实，问题本身就藏着答案，你顺着问题根源去挖掘，就能发现背后的原因，也就知道了改变的方法。然后照着去做，要么解决了问题，要么出现了新的问题，如此往复，答案即现。

勿空：您的意思是，问题背后一定有原因，顺着原因找方法就能解决问题，是吗？

无师：是的，生活中你随时会遇到烦恼、困惑、不解。学着问对问题，你便离答案更近一步。与其等待别人把他认为对的答案摆在你面前，不如从问题出发，顺藤摸瓜去实践、去找答案。所以，想，都是问题，做，都是答案！

勿空：嗯，受教了，谢谢师父指点。

面对烦恼的四个段位

勿空：师父，我觉得最近我进步很大，很多以前让我为之烦恼的事，已经不会再困扰我了。

无师：嗯，很好，你说说是怎么做到的，我给你看看你到了什么样的段位。

勿空：啊？还有段位？面对烦恼的段位吗？

无师：嗯！

勿空：我是这么做的，当遇到让我烦恼的事或人，我就在心里默念三遍："不要去计较，不去计较，不计较"，然后烦恼真的就少了，有时候甚至就没了！

无师：嗯，不错，这么看，你已经达到了一段了。

勿空：啊？能够去除烦恼，这才一段吗？那一共有几个段位啊？

无师：面对烦恼，一共有四个段位，层次是不一样的。你现在是一段，面对烦恼可以不去计较了，不过，那个烦恼还在，不是吗？

勿空：那倒是，更高的段位会怎么做呢？

无师：第二段位叫作"理解"，也就是共情，即站在对方的角度思考问题，深刻理解并接纳所有烦恼的原因和结果。

勿空：哦！果然维度不同，我想象不到，还有比这更高的段位吗？

无师：有的，这第三个段位叫作"感恩"。遇到烦恼，你能够从更高的维度去观察，发现这一切都是自我内心的投射，烦恼的出现正是自我觉悟的契机，从而抱有一颗感恩的心，去面对所有的烦恼障碍，从中感悟和学习，这就厉害了。

勿空：这的确比我的不计较高太多了，貌似已经是最高级了啊，怎么还有第四段呢？

无师：面对烦恼的最高级别，是第四段："自在"。你清楚地知道一切事既是前缘的果，又是未来的因。诸行无常，随缘而来，缘尽而散。自然地流淌，不悲不喜，应无所住而生其心，一切自然随顺，了知菩提与烦恼无二无别，心随自在了。

勿空：看来我的功夫真太浅了，惭愧惭愧。

无师：不急，慢慢修习，用不计较、理解、感恩、自在这四个段位衡量自己面对烦恼的功力吧。

勿空：嗯嗯，我记住了，谢谢师父指点。

用心若镜

勿空：师父，别人但凡一说我不好，我就很烦恼，怎么解？

无师：学做一面镜子。

勿空：什么意思？您是说别人怎么对我，我就怎么对别人吗？

无师：不是，你有没有发现镜子是个很特别的东西？它可以完完整整地反映任何境界，可是却不会受境界所影响。烦恼的人照镜子，反映出的就是烦恼，这个烦恼的人走了，镜子还是镜子，不会因为照镜子的人的情绪，而改变自己的心性。开心的人照镜子，就照出开心的样子，开心的人走了，镜子还是镜子，也不会因为他人的喜悦，而有任何心性的改变。

勿空：哦！这么想还真有点意思。

无师：镜子本性是空，没有东西在它面前，它也不反映任何东西。我们用心修行就应该学习镜子，不会因为他人把烦恼推给你，你就自己心生烦恼，这就是用心若镜。

勿空：嗯，真正影响我的，是我自己的自性。我应该学习做一面镜子，他人对我的责备，有道理就接受，没道理就放掉，不在心里存留。

无师：嗯，就是这样的，你领悟得很好。

一半的日子

勿空：师父，我每天都有很多烦恼，怎么也摆脱不掉，反而让我更烦恼，怎么办啊？

无师：烦恼与快乐是同时存在的，无二无别。我们修行并不是为了去除烦恼，而是去认识烦恼。你想得到却得不到“快乐”的时候，烦恼就产生了，两者永远如影随形……

勿空：我有点懂了，您再说得通俗一点，我可能就真懂了……

无师：我们的人生是一半的，一半苦、一半甜；一半开心、一半烦恼；一半执着、一半洒脱。穷人有穷人的烦恼，也有穷人的快乐；富人有富人的快乐，也有富人的烦恼。每一个人每时每刻，都是一半的人生。一半在笑，一半在哭；一半在痛苦中，另一半也在享受这份痛苦……当你放下了要“去除痛苦”这份执着的时候，那份自在就浮现眼前了……

勿空：这就是，烦恼即菩提吗？

无师：没错！

烦恼是个“跟屁虫”

勿空：师父啊，我想出家跟您一起修行！

无师：嗯，好啊，可你为什么想到要出家呢？

勿空：唉，一言难尽，好烦啊，好累啊，好……

无师：嗯，我了解了，你这是想逃避现世，逃避烦恼，对吧？

勿空：是啊，现实问题多如牛毛，受不了……

无师：可你知道吗？烦恼是个跟屁虫，你逃到哪里，它就会跟到哪里。不过，一旦你转过身来真正面对烦恼，它便会慢慢消失。我们讲出离心，并不是让你出离社会、出离家庭，而是让你出离执着、出离贪欲、出离嗔恨啊！

勿空：啊？不是吧？跟随僧团清修不是会更容易悟道吗？

无师：远离尘世，静虑修行，心受到的染污的确会少些，但是你如果抱着厌世的心态，即便是出家了，也是带“枷”修行。不能走出自己内心的“枷锁”，到头来不过是一个披着僧衣的凡夫罢了。

勿空：啊？那到底要不要出家呢？

无师：不论你在哪里，都将面对心性的考验，并非你身在空门才能修行。真正修行者，那是无处不修的。每个人有不同的因缘，当我们在凡尘中，有责任未尽、尘缘未了，那我们就该承担起现在的责任，就在每一个当下修行。出家在家皆修行，当下便是！

勿空：嗯，多谢师父，看来我需要去跟那只“跟屁虫”好好聊聊……

打住！忍辱不是让你憋着

勿空：师父，我最近很郁闷。

无师：这是咋了？

勿空：我在练习忍辱。可我发现越忍对方越得寸进尺，越忍负能量越大，快憋不住了。

无师：哈哈，傻孩子，忍辱可不是叫你憋着啊，你理解错了。

勿空：啊？那别人侮辱我，我不憋着，怎么忍啊？

无师：忍辱这两个字，你都理解错了。先说这个“辱”字，并不是简单字面上的意思，侮辱？辱骂？不是的。

勿空：那什么是“辱”呢？

无师：概括地讲，一切不如意就是辱，所有的烦恼、痛苦也都是辱。当然，他人对我们的诋毁、谩骂、侮辱也是“辱”的一种。

勿空：哦，那要怎么“忍”才对呢？

无师：修行所讲的忍辱，要修炼的并不是让你把对方倒给你的垃圾都吃下去。看看你这个的小脑袋，能盛下多少负能量啊，这样下去早晚会崩溃。这个“忍”的功力，重点在于化解，是将对方带给你的负能量归零的能力。

勿空：啊？这怎么做到啊？

无师：他人将负能量带到你面前，你先要忍住不被他刺激到，有些人一点就爆，于是双方剑拔弩张，最后不欢而散。修行的人要有智慧，首先忍住表面的情绪刺激，这样才能冷静下来分析原因，找到问题核心，并且给出解决方案，最后达成共识，使负能量归零。

勿空：啊！原来我完全误解忍辱了！可是遇到那些完全不讲道理，毫无底线的侮辱，怎么办呢？

无师：没有任何扔到你面前的负能量是没有缘由的，凡事都有因果。如果你足够冷静、智慧，你就能发现其中的端倪，从而化解问题。如果真像你说的那样是毫无理由出现的，那你更不必在意了。要知道，能跟你一起争吵的人，和你是处在同样水平的。不信你看，一个心智成熟的大人不会因为小孩子的无理傲慢而耿耿于怀吧？

勿空：啊！还真是啊，如果我忍不住掉过去，那我不是跟他们一样负能量满满了吗？这下我想通了，可以开开心心地去修忍辱了，谢谢师父。

只痛不苦

勿空：师父，痛苦是什么？怎么对治？

无师：这是两种人生体验。

勿空：怎么是两种？

无师：一种体验是肉体上的，叫“痛”；另一种是精神上的，叫“苦”。

勿空：啊？以前还真没这么想过。

无师：比如我拿香板打了你一板，你会立刻感觉到“痛”。当痛过去后，你心里仍会埋怨：“师父为什么打我啊？讨厌！可是他是师父，我又没法打回去，气死我了！”，这就是“苦”了。

勿空：嗯，我知道了，那要怎么对治呢？

无师：“痛”是不需要对治的，这是我们作为人与生俱来的生理反应，也没法对治。而“苦”则来自你对未来的预期与现实结果的反差，你只要做到接受一切结果，不做无意义的预期，就不会再有“苦”产生了。

勿空：嗯，如果能接受一切结果，也真的就没有什么还能引起“苦”了。

生命进阶的三板斧

勿空：师父，我总是会烦恼焦虑，您能给我些方法解决这些问题吗？

无师：好，首先你要知道为什么会产生这些情绪，焦虑和烦恼源于对事情的不理解、对自己和他人的不认可，以及对未来的不确定。那么，针对这样的情况，我教你三种进阶的方法去解决。

勿空：谢谢师父，我太需要了。

无师：第一板斧，“把自己当作他人”。对他人和事情的不理解会最终产生焦虑和烦恼，这时候就需要站在对方的角度，理解对方的立场和这样做的原因，从而化解矛盾，解决问题。

勿空：嗯，这就是同理心吧？

无师：对，不过这只是第一步，进阶的第二板斧是“把他人当自己”。当我们自己犯错时，往往会找出各种理由原谅自己，但别人出现问题时，则会找出一堆理由苛责他人，矛盾和烦恼由此产生。其实，你和他人没有区别，当你能像对待自己一样，去谅解包容他人时，矛盾和烦恼也就因此而消失了。

勿空：的确，同样做错一件事，自己做的就会找无数借口，别人做的就会批评指责。

无师：最高境界第三板斧就是“把他人当他人，把自己当自己”。

勿空：啊？这不又回来了吗？我现在就这样啊，您说的这个有啥特别的吗？

无师：这第三板斧听起来平常无比，但是是建立在前两个阶段你都能做到的前提下的升维。我们这个世界是你内心思想所呈现出来的，你有什么样的心境，就会有什么样的世界。你可以这样去想象：此生所遇之人都是演员，各有各的角色，所遇之事都是剧本设定。你要做的就是从各种维度充分经历并且体验这部人生大剧，有悲有喜，有烦恼焦虑也有兴奋刺激，一切都是体验。这样去理解，你还需要执着地想要去除烦恼和焦虑吗？放下即可！

勿空：啊！对啊，我一心想要去除烦恼，反而产生了焦虑啊，放下即可！谢谢师父指点，弟子明白了。

生命里遇到的所有问题和挑战，都是为你量身定做的

勿空： 师父，许多时候我总是很纠结。

无师： 纠结什么？

勿空： 遇到问题和困难时，我往往不知道该怎么做选择和处理，总担心做了某种选择，会带来不可收拾的后果。

无师： 如果我说，不论你怎么做都是对的，你能接受吗？

勿空： 这怎么理解，怎么会无论怎样都对呢？

无师： 时间不可逆，不论你做了什么决策，那都是唯一的答案，不论得到怎样的结果，也都是你生命唯一的轨迹。你只要体会、接纳并不断改变就好了，这种“如果当初如何如何，那么现在就会怎样怎样”的假设没有意义。

勿空： 您这不是自我安慰吗？

无师： 难道你更喜欢在悔恨和懊恼中过日子？因上努力，果上随缘，不纠结，无烦恼。生命里遇到的所有问题和挑战，都是为你量身定做的……

勿空： 这么一想，果然超脱了。过去的全都过去了，生命从现在开始！

无师： 活在当下，不执过往。

你把烦恼都除尽了，菩提也就没了

勿空：师父，请帮我除尽烦恼吧！

无师：烦恼是除不尽的，你如果真把烦恼除尽了，那么菩提也就没有了。

勿空：啊？我们修行不就是为了断除烦恼吗？

无师：我们修行的目的是了解世界的真相，找到心性的自由。我们人作为有情众生，烦恼是伴随终生的，而且是再自然不过的一种情感。烦恼与菩提无二无别，你没有了烦恼，智慧也就没有了。

勿空：啊？！这我不是很理解。

无师：这个世界，有白天就有黑夜，有男人也有女人，有优点就有缺点，没经历过痛苦也就没法体会喜乐，任何单独一半都不是完整的世界。烦恼永远会在，而且它就是菩提智慧本身。你一心想要“得到”菩提智慧，那个“得不到”的烦恼便会如影随形……

勿空：哎呀，那我该怎么做呢？

无师：烦恼这东西，不要去嫌弃它，当你放下了一定要“去除烦恼”这份执着的时候，你便获得了解脱，不信，你试试？

伤痛是生活的补品

勿空：师父，我感情很脆弱，总被伤到，痛苦万分，怎么解啊？

无师：我问你，如果你生病了会怎么办？

勿空：小病就吃点药，大病就去医院。

无师：嗯，经历伤痛就是在给你的心理情感治病而已，不用担心，都很正常。

勿空：您是说我心理有病？

无师：这个你也不用多想，没有人心理完全“健康”。你看到的那些坦坦荡荡、悠然自在处事的人的状态，不过是经历过了一次次大风大浪，遍体鳞伤之后的宁静。一切都看透了，也就没有什么再能伤害到你了。

勿空：也就是说，我感情脆弱，容易受伤，其实只是因为经历得太少？

无师：伤痛并不可怕，本就是生活的补品，是提高你自身免疫力的良药。不用因此烦恼，好好疗愈就行。抗压能力都是经受了一次次打击后，慢慢练就的。

勿空：嗯，也是，既然要磨炼，那就让暴风雨来得更猛烈些吧，哈哈。

无师：良药苦口，但也不易多吃，自然面对即可。万一吃错了药就不好了。

勿空：嗯嗯，弟子知道了，谢谢师父。

爱与恐惧的双循环

勿空：师父，我们生活、修行的原动力是什么？

无师：是爱与恐惧。

勿空：这两个完全相反的情感，哪个为主呢？

无师：爱和恐惧是一体的，无二无别。他们是一对背靠背的双胞胎，永远都同时出现，爱的背后是恐惧，恐惧的背后是爱。

勿空：啊？

无师：你对信仰的热爱，归根到底是源于对死亡的恐惧，而这又会催生你对生命的珍惜和爱。你对金钱、地位或某个人的爱，也伴随着有可能会失去他们的恐惧，于是便更加执着。一旦你不再对失去产生恐惧，也便不会再爱。你看，爱和恐惧永远在一起。

勿空：嗯，都是关联的。那既然他们是一体的，我们为什么还要强调爱而拒绝恐惧呢？

无师：那是因为爱和恐惧都会形成自己的循环，一个走向痛苦，一个走向喜乐。比如恐惧会引发人的自我保护，从而产生自卑心理，使人对已获得的加强控制欲，进而更加害怕失去，最终会因无常而导致更深的痛苦和恐惧。久而久之，这样的思维和生活方式便控制了你，成了你的习性，使你进入痛苦的循环。

勿空：那怎样才能走出痛苦的循环呢？

无师：心无挂碍！你要记住，任何事情你越在意、越执着便越痛苦，一旦你不再执着得失，马上就会进入爱的循环。因为知道无常的必然，所以更为珍惜当下，会付出更多，不再依赖任何外界环境，学着聆听自己内心的声音，最终步入喜乐的循环。究竟是痛苦的循环还是爱的循环，就在你的一念之间，你看懂了自然就会选择。

勿空：啊！原来是这样啊，我需要好好培养自己学着放下执着了。

无师：爱与恐惧都在你心里，遇到的任何人和事，都有两个循环可选，如何取舍都在你的一念之间。不过这需要长时间的修行，慢慢调伏内心，做到顺应自然，如果你暂时还做不到，也不用强求。刻意地去培养不执着的态度，本身也是在强化，这与执着并无分别。

勿空：多谢师父指点。

世上没有一个叫作“烦恼”的事情

勿空：师父，人为什么总有很多烦恼？

无师：世上本没有一个叫作“烦恼”的事！

勿空：怎么没有呢？我的的确确每天都会有很多“烦恼”啊？

无师：我们每天只会经历各种各样的“事情”，注意哦，只是“事情”，并不是“烦恼”。所谓“烦恼”，是你内心给这些“事情”下的定义，然后记在脑子里，反反复复拿出来折磨自己的，不是吗？

勿空：啊！好像是这么回事，事情本身并不带标签，是我自己把它定义成了烦恼。

无师：对啊，人人都希望顺心顺意。一旦事情给自己添了麻烦或不如己愿，就将其定义成“烦恼”。可世事无常，不如意十之八九，遇到问题去解决就好了，那不正是你提升自己的机会吗？只是烦恼又有什么意义呢？

勿空：是啊，照您这么说，“烦恼”本身就是我自己下的定义啊，除了让自己和他人不爽，的确没有任何价值。

无师：我们所有人遇到的事都差不多。有智慧的人把这些事情定义成了成长的机缘，缺乏智慧的人则把它当成了烦恼。所以你看，烦恼和菩提本就是同一件事，因为你自己内心的取舍才有了分别。

总是会焦虑、不开心，到底是为什么？

勿空：师父，我总是会焦虑、不开心，这到底是为什么呢？

无师：背着这么重的“我”，你能开心吗？快把“我”放下来……

勿空：？？？我没有背着您啊！！！

无师：我们的情绪归根到底都源于“自我”。如果发生了一件与你无关的事，你还会烦恼吗？

勿空：应该不会。

无师：如果别人说了一些话，你认为是“冲你来的”，你会很烦。但如果他说这话与你无关，你还会烦吗？

勿空：不会。

无师：你看，道理很简单，一切烦恼的情绪，都是因为你背着“我”啊，把“我”放下来就好了。

勿空：啊！原来师父说得是这个“我”啊！

无师：越是自我的人，越容易被负面情绪所控制，不快乐的原因是想到自己太多，觉得别人对不起“我”，不认可“我”，不在乎“我”。如果情绪中没有“我”的存在，一切就事论事，心情便很容易平静。如果随时背负着“我”，便会时时感到受挫、不满、嫉妒、厌恶甚至焦虑、恐惧。

勿空：那该怎么办呢？

无师：我们要不断提醒自己放下自我。先从形式上放下，慢慢做到内心真正地放下，烦恼就会离你越来越远了……

顺境与逆境

勿空：师父，怎样才能让自己不堕入逆境？

无师：心不拣择，就没有际遇的好坏分别，顺境也好，逆境也罢，都是你自己内心的概念，实际上并不存在，都只是经历。

勿空：话虽这么说，可现实生活总是有时顺心如意，有时烦恼缠身啊？

无师：困难和问题来了，你唯一应该做的就是去面对、解决然后经历，不期待、不追悔，便不会产生痛苦和烦恼。不信你站在现在回头看看过去的时光，还会有顺逆之分吗？

勿空：嗯，已经没有当时那种感觉了，而且时间离得越久越没有感觉。

无师：对吧，就算那些事让你当时痛不欲生，但现在想起来，不但没了当初的苦恼，反而多了一份岁月的回甘。只有你身在其中的时候，才不好控制情绪。

勿空：是啊，那如果当下正处于自我认为的逆境当中，该怎么解脱呢？

无师：如果你没办法轻易放下顺逆的分别，也没有关系，你只要意识到，逆境就是那个让你变得强大的地方，别惧怕也别抗拒，好好利用这样的境遇，磨炼自己的心性就好啦。未来终有一天，你会感激那个咬紧牙关扛过去的自己。

深深地感受痛苦，然后化作慈悲

勿空：师父，我觉得生活好痛苦啊，事事不如意。

无师：恭喜啊，感受痛苦，正是你觉悟的契机。

勿空：师父，我们修行是为了离苦得乐，您为什么又说痛苦是契机呢？

无师：你看，离苦才能得乐，没有痛苦又哪来的解脱痛苦带来的感悟呢？

勿空：啊？那为了有所感悟，难道我们要追求痛苦？

无师：不用追求，生老病死、求不得、怨憎会、爱别离……生活中随时都会有痛苦的戏份。

勿空：那我们应该怎么做呢？

无师：生活本来就是充满缺憾的，烦恼会无尽地纠缠着你，你越想摒弃它，它就越会纠缠你。在轮回中追求圆满，这想法本身就有巨大的迷惑感，我们对痛苦不用回避，接纳就好了。

勿空：怎么接纳？

无师：接纳和包容不完美的生活，深深地感受痛苦，透过无常体验生命的本质，然后将感受化作慈悲，这便是你觉悟的契机。

勿空：啊！谢谢师父，弟子明白了。

二月主题：爱与慈悲

如月的清凉

世界很大，而你生来自由

勿空：师父，我从小缺乏安全感，怎么办？

无师：安全和自由是路的两端，大多数人追求的是一种类似死亡的平安，一边祈求生命中不要出现波澜，一边厌倦着平淡的生活。

勿空：我就是这样。

无师：人是独立的，但很少有人是自由的，因为大家普遍追求的是稳定、安全、不变。用诸如社会、家庭、事业、婚姻、宗教等形式，给自己以束缚，以求得安全感，然后内心却渴望着自由。

勿空：那您的意思是，这些束缚是不需要的喽？

无师：当然不是。这些是前人总结下来的经验，随顺这些束缚，你会相对平安。不过这个世界变化万千，一切都是无常的，你的安全感永远都会面临挑战，你永远也不会得到真正的安全，除非到了临终的那一天。

勿空：哦，您的意思是，安全感这件事其实没有价值？

无师：安全感这件事根本不存在！这个世界很大，而我们每个人生来自由，你有无穷的机会去体验、去感受，即使这样，我们这一生也只能认识这个世界的一点点而已。你只有放下追求安全感的包袱，才会发现与生俱来的自由。

勿空：嗯，一切无常，想要追求恒常不变的安全，看来是我想多了。

无师：你的人生是你自己创造的，独一无二，接受生活的无限可能吧。你若意识到这一点，截然不同的事便会发生。

勿空：谢谢师父，我明白了。

爱的临时工

阿秋：师父，为什么曾经全情付出的人，分手后却希望永世不见？

无师：因为你爱的只是自己，并不是对方。

阿秋：不是啊，师父，我真的爱他啊，在一起的时候也真的是全情付出啊！

无师：你的付出越多，就希望回报越多，自然就会给对方更大的压力。如果事与愿违，就会产生不满甚至嗔恨。你对普通朋友没有这些希求，反而走得长远，不会反目为仇。

阿秋：您是说，希求太多反而会因爱而恨？

无师：两个人长期和谐相处的基础是友情，并不是爱。我们的爱，听起来很美好，但其实夹杂了太多的私欲，既不单纯也不慈悲。是欲望、嫉妒、嗔恨的综合体。只要你属于我，我就爱你，不然我就恨你！这哪里有爱？

阿秋：啊？爱不都是自私的吗？

无师：正因为如此，所以大家才都是爱的临时工，活在情感的“交易”中，才会产生这么多为情所困的痛苦。

阿秋：那什么才是真正的爱呢？

无师：真正的爱也不难判断，可以问一下自己，如果你们不在一起，你是否依然会期待他的幸福、共情他的悲伤、随喜他的欢乐？如果答案是否定的，那你所说的爱其实只是欲望。反过来，当你真情付出，但并不希求任何回报时，爱，就在了。

阿秋：嗯，我需要好好体会一下，谢谢师父。

别奢求慈悲，请先做到善良

勿空：师父，如何做到慈悲？

无师：先别奢求慈悲，你先做到善良，这一关大多数人就已经过不去了。

勿空：善良很容易啊，就是对别人好呗。

无师：大多数人对他人表现友好，仅仅是希望对方也如此对他，当他人并未如此回馈的时候，他的善良就荡然无存甚至变成了厌恶，更有甚者变成了嗔恨。

勿空：啊！是这样的。

无师：这不是真正的善良，这种善良是有条件的，而且随时会改变性质。

勿空：啊？那什么才是真正的善良呢？

无师：做到真正的善良，有这样五个步骤：（1）尊重他人的态度；（2）信任他人的发心；（3）理解他人的立场；（4）包容他人的缺点（你认为的而已，对方并不这样认为）；（5）反思自己的言行。做到以上几点，你就离善良更近一步了。

勿空：啊，这的确不容易啊，看来我还有很多功课要做。

无师：以上这些慢慢都能做到以后，才有了培养慈悲心的基础。

勿空：我知道了，看来我还差得远，谢谢师父指点！

爱，并不专一，恨亦如此

生命是一次旅行，
没机会选择，
就已经启程，
连终点也不确定。

旅途中，
无数的过客，
有的人擦肩而过，
有的人结伴同行。

曾经的家人亲朋，
都有各自的路径，
在聚散中期盼，
却又在生死轮回中重逢。

心念的轮回，
填满生命里每个时空，
你看不见，
也不为所动。

你说的爱，
不明不清，

是因为自己的贪念？
还是与他人的共情？

你怀的恨，
也一样混沌无明，
是因为缺少了回应？
还是因为找不到有人同行？

爱，
并不专一，
你的爱里，
带着恨意或者同情。

恨，
亦是如此，
你的恨里，
也掺杂着爱的踪影。

领悟了出世的智慧，
是为了入世的修行，
在这条遥远的路上，
每个人都注定独行。

和你同频的那个人

勿空：师父，我就是我，为什么有人喜欢我，有人讨厌我？

无师：这有两方面的原因，一是每个人都只能了解你的某些侧面，然后便以偏概全地认识你。看到你可爱的一面就喜欢你，看到你不好的一面便讨厌你，都是很片面的。

勿空：那这很不公平，谁还没有点毛病啊？

无师：是啊，所以要学会全面客观地评价和看待他人。

勿空：可是，有的人很熟悉了却还是有这样的问题，这是怎么回事呢？

无师：那就是这第二个方面的原因了。你要知道，这社会上有三种人，一种是能量频率比你高的，一种是能量频率比你低的，还有一种是基本能和你同频的。

勿空：哦？这我还是第一次听说，这跟喜不喜欢有什么关系吗？

无师：比你能量低的人，依差距的大小，往往会表现出对你的否定、怀疑、批判、嫉妒甚至伤害；比你能量高的人，会对你表现出理解、包容、接纳、扶植甚至成就；而和你几乎同频的人，则会表现出好感、喜欢、认可、欣赏、陪伴。比如你周围的师兄们，他们与你有着同样的信仰和追求，你们就会显得比较亲近，容易被接纳，是不是？

勿空：啊！原来是这样啊。就像师父您，虽然我老是问问题烦您，可是您始终都包容、认可我，所以您是我师父！

无师：你有问题，我很高兴，我也能够从中学习成长，怎么会烦呢？

勿空：谢谢师父！那些能走到一起、彼此吸引的情侣应该是同频的人吧？

无师：对，同频会相互吸引。同样地，如果在一起的两个人，能量频率差距越来越大，低频的那个人往往会表现出越来越强烈的负面情绪，最终会导致我们刚才讲的否定、怀疑、批判、嫉妒甚至伤害。

勿空：嗯，很多夫妻离婚就是因为这个吧？两个人相处，同频很重要啊！

无师：是啊，争取跟你的身边人保持同频，共同学习，一起进步才好。

勿空：嗯，我明白了，谢谢师父。

原谅与宽容是对自己的慈悲

勿空：师父，有人伤害了我，我实在没法原谅他。

无师：你不原谅他，把他对你的伤害一直记在心里，你难受不？

勿空：时不时想起来，挺难受的。

无师：你难受的时候，伤害你的那个人，他难受不？

勿空：他并不知道我的感受，我想他并不难受。

无师：那你是不是傻？你是在用不原谅、不宽容持续伤害着自己啊。

勿空：可是，真的就是不爽，怎么办？

无师：一直记在心里，就一直在伤害和刺激自己，甚至不断深化他人对你的伤害，每每想起越发地不甘心。其实事情早就过去了，只是你不愿意跟自己和解而已。放下对他人的嗔恨，也就放下了内心的这把“屠刀”，原谅与宽容他人其实是对自己的慈悲。

勿空：慈悲心不是为利益众生而升起的吗？对自己慈悲是什么意思？

无师：你也是众生啊！自他（自我和他人）的一切痛苦，都是我们升起慈悲心的理由。慈悲心就是希望众生都能离苦得乐，倘若你自己还在“苦”中，又怎么能给他人带来真正的快乐呢？

爱，不需要表白

爱
意外
某一天
不经意间
便扑面而来
一个人的世界
加了另一种色彩
从此多点一份外卖
和着都市生活的节拍
告别到处吃狗粮的时代
一起激情澎湃一起犯懒癌
记得要把对方当作朋友看待
千万别忽略了彼此自我的存在
相处时试着放下自私占有的心态
彼此相爱并不意味着要把自我掩埋
每个人的心中都有属于他的星辰大海
相互尊重彼此信任是最理想的存在
你会发现其实真爱并不需要告白
它深藏于彼此的血脉从未离开
让对方体会身心的自由自在
而不是错把压力当成关怀
一起携手走过人生舞台

用合拍替代焦虑徘徊

你我都是微小尘埃

放下执着便释怀

人生不能重来

需共同承载

观心见行

那份爱

永远

在

爱的觉醒

爱
迷茫
转瞬间
变化无常
经历过风雨
不意味着坚强
相互间的不理解
会顷刻间瓦解情商
其实并没有谁对谁错
只是没有站在对方立场
放下内心里那个自我形象
学习理解他人的欢喜和忧伤
相信彼此一切便会自然被原谅
不再会怪罪于外界也不再会受伤
拥有包容之心便放下了最初的惆怅
发现自己心中缺失和需要完善的地方
理解和包容让你转变了嗔恨的思想
接受你所遇到过的一切人世沧桑
让心境从最初的烦躁变得安详
恭喜你已经获得心灵的成长
去感恩去承担去超越无常
相信一切都是最好出场
放下自己的妄念梦想

用智慧慈悲去衡量

爱包容一切吉祥

觉醒就在前方

推倒烦恼墙

超越彷徨

那便是

菩提

光

那个和你争辩的人，证明了什么？

勿空：师父，刚才那个人明明在诋毁您，您为什么不生气，也不争辩呢？

无师：我有我的思想，他有他的认知，这有什么可生气的呢？如果你一听到和你相左的意见就生气，就冲动地去争辩，这能证明什么？

勿空：证明他说的不对呗！

无师：错了！这只能证明，你已经在潜意识里觉得自己的想法和观念并没有充分的理由，只是希望借由否定对方的形式，来掩盖自己的不确定。如果现在还有人说太阳是围绕地球转，你会愤怒吗？

勿空：大概不会吧？只会觉得可笑。

无师：对啊，你只会感觉到怜悯而不是愤怒，更不会想去跟他争辩。你看那些在大街上互相对骂的人，没有谁占上风。能和你争辩的人，正代表了你的无明。

勿空：嗯，是。那我们学习、修行的时候，经常争来辩去，难道也是因为不自信吗？

无师：你和你争辩的对象，都是站在同样的认知维度，因为彼此对自己观点的不确定性，为了更深层次的了解事实、找到答案才会去争辩，目的是共同进步。所以能跟你一起争论的人，都是跟你同水平的人。

勿空：嗯，那像某些有信仰的人，完全听不进任何批评的声音或者其他思想，是不是也是一样的无明啊？

无师：是啊！并不是你坚信的就一定适用于他人，他人不认可你的信仰，这再正常不过了。不能包容他人的思想，跟不自信又有什么区别呢？

勿空：嗯，我明白了，谢谢师父指点。

跟你相处，我觉得自己很好，于是爱上了你

勿空：师父，爱情是怎么产生的？

无师：爱情是从两个人的关系中产生的。

勿空：哈哈，您这等于没说啊，爱情当然是从两个人的关系中产生的喽。

无师：当两个人相处时，如果我觉得自己很好，便会爱上你。

勿空：您是说反了吗？爱情不是应该感觉对方很好吗？怎么是觉得自己好呢？

无师：爱情也好，我们修行的心性也好，虽然是完全不同的形态，但是有一点是相通的，都源于自己内心的感受。恋爱中的人是因为两个人相处时从对方身上体会到了对自己的高度认同而产生了爱意，换句话说就是“跟你相处，我觉得自己很好，于是我爱上你”，反之就是“跟你在一起，我觉得自己很卑微，所以我选择离开”。

勿空：啊！那修行的心性也是这样吗？

无师：我们学习时，一定是在整个过程中体会到了自在、喜乐、安宁，你才会不断精进。如果你体会到的只有恐惧、压抑以及焦躁，那恐怕就是你的方法错了。

勿空：啊！之前是我理解错了！

心中没有爱时，才会强调权利和责任

勿空：师父，为什么真心相爱的人，反而会互相伤害？

无师：因为他们心中并没有“爱”，只是在强调权利和责任。他们所谓的“爱”，并不是爱对方，只是爱自己罢了，是维系自己的利益与情感平衡的说辞。

勿空：可是，恋爱中的双方全情投入，都希望把自己的所有全部给到对方，这里并没有自私自利的欲念啊？

无师：的确，但如果这时对方并没有和你一样投入，你的爱还会如此吗？

勿空：那应该会很难受。

无师：更有甚者，如果对方并不爱你，而且要和你分手，你是不是会转爱成恨呢？

勿空：我想会吧，很多情侣分手之后反目成仇，关系连路人都算不上，挺无情的……

无师：你看，这更多是爱自己啊。人随着认知和境遇的不同，再美好的感情也都会变，如果一个关系开始强调权利和责任，爱就已经失去了。

勿空：嗯，这种爱挺自私的。

无师：我们可以善待路上遇到的陌生人，却对和自己有过情感交集的人心生恨意。去做一个满怀爱意的人，善待一切因缘吧！

勿空：嗯，我之前理解的爱的确很狭隘，谢谢师父指点。

身在天堂，别把它活成了地狱

勿空：师父，这世上真的有天堂吗？

无师：有的。

勿空：在哪里？

无师：就在这里。

勿空：这里？这不是人间吗？到处都是烦恼、痛苦、苍凉、钩心斗角、尔虞我诈，好在哪里？

无师：天堂，就是你那颗正直善良的心，你走到哪里便能照亮哪里。即使周遭充满了不如意，也敌不过你那善良的本心。天堂就是世界本来的样子，是人心把它活成了地狱。

勿空：啊！

无师：善良的人就像一盏明灯，既照亮了周围的人，也温暖了自己。请保持你内心的光，因为你不知道谁会因此走出黑暗。

勿空：嗯，谢谢师父，我了解了。

越理解，越慈悲

勿空：师父，为什么受伤人的总是我？怎样才能做到慈悲？

无师：理解他人。越理解，越慈悲！

勿空：就这么简单吗？

无师：是的，虽然看起来非常简单，但是所有人在遇到问题时，几乎都做不到。无论什么境况，你只要站在对方立场理解他，内心自然就放下了偏见，做到了慈悲。矛盾往往来自各方站在自身的立场，尽量避免自身利益受损，但这样，相互间的平衡就被打破了。

勿空：嗯，我记得您之前说过，没有什么事可以让自己完全满意。

无师：有失才有得，有聚就有散，我们整个生命过程都是在不断追求平衡。不论什么境遇，你越去理解，便越容易得到平静，也就越慈悲，越不容易受伤。如果一味地拒绝理解他人，钻牛角尖，指责他人，看似在维护自身利益，但实际上是在伤害自己，产生嗔恨也就在所难免了，与修行的目标背道而驰，进入恶性循环。

勿空：嗯，的确如此。

无师：培养慈悲心，从理解身边人、身边事做起。

真爱的逻辑

勿空：师父，怎样才能遇到真爱呢？

无师：在这个问题上，人们普遍会犯一个逻辑错误，认为我要为我爱的人付出……

勿空：这听着没毛病啊？不然呢？

无师：真爱的逻辑是，你会爱上那个你为之付出的人！！！很多人一生都找不到真爱，就是犯了这个错误。

勿空：等等，这有什么区别吗？

无师：想要得到真爱，首先要付出，一旦你付出了，你就把自己投射到了对方身上。每个人都爱自己，这很自然，但现在你的一部分已经成了他（她），对方身上有你爱的那部分自己。所以爱是一种付出，在付出的同时，便可以全然感受到真爱的存在，并不需要接受和回报。

勿空：啊！原来是这样。

无师：不懂得这个道理，就很难遇到真爱了。我们修行也是一样的，如果你不能做到，把有情众生看作自己，又怎么能够升起同体大悲之心呢？那样的话，你所有的善行，就沦为了给自己积累功德的工具，是没法体会到真正喜乐的。

勿空：啊！谢谢师父指点，弟子明白了。

父爱之城

他
全能
记忆中
什么都懂
心中的偶像
是座仰望的城
骑在肩头陪你疯
教你下棋带你捉虫
随着童年的时光流动
叛逆伴随着青春的懵懂
你越来越觉得他并非英雄
心中的王者突然间不再神圣
很多小事莫名其妙就要和他争
面对浮躁的你他开始不愿再作声
在你心中他已经变成一座破败之城
那死板的老古董不会理解年轻人的梦
长大后为找寻属于自己的世界离家远行
忙碌生活里不再有他渐渐低矮的身影
时间大师正在他的额头练习着雕工
那个从来都不吃药的人也会生病
直到有一天你自己的孩子出生
体验到那份与生俱来的深情

这才发现有份爱刻骨永恒

那个男人虽然默不作声

但你心底的委屈他懂

父亲的爱是一座城

相伴你走过半生

终会有那一天

再不见身影

爱已化作

心中的

那座

城

慈悲心与地铁站

勿空：师父啊，慈悲心怎么培养啊？

无师：先从去除对自己的“偏见”入手。

勿空：啥？对自己的“偏见”？

无师：你有没有感觉自己很“特别”？“与众不同”？很“优秀”？

勿空：这点自信还是有的，每个人都是独一无二的存在啊，这个不算“偏见”吧？

无师：你明天早上8点半在上班早高峰的时候，去国贸地铁站那里看一看，然后告诉我你看到了什么。

勿空：能看到一车一车、一群一群上班的人啊。

无师：嗯，你会发现，那些鱼贯而入挤满整个车厢的，在通道里迈着急促的步伐，埋头看着手机，和你擦肩而过的每一个人，都抱着和你一模一样的想法，认为自己很优秀、很特别、独一无二。

勿空：啊！

无师：之所以大家都这么想，是因为所有人的思考都仅仅停留在自身躯壳之内，没有办法站在更高的角度观察。就像站在人的角度看小蚂蚁，它们之间没有任何区别，甚至是一模一样。

勿空：嗯，这样看，所有人都一样啊，即使人们之间有差别，也都微不足道了。

无师：认为有差别，自己很“独特”，就有了分别和比较。于是“傲慢”就产生了，从而看不起他人，这样又怎么会培养出“慈悲心”呢？

勿空：啊，我明白了，您一直教导我们要有慈悲心，原来这么看似平常的心态都是障碍啊，谢谢师父指点。

幸福就是感受当下的能力

勿空：师父，请问您，幸福是什么？

无师：幸福就是感受当下的能力。

勿空：嗯？什么意思？

无师：幸福不在未来、不在过去，就在当下这一念的感受。如果你具备感受当下的能力，幸福便能够时常地被你感受到。

勿空：我不明白，到底什么样的感受才是幸福呢？

无师：幸福感不在远方，不用去追求，每时每刻都在身边，一转眼就能体会：走路的时候很幸福，吃饭的时候也幸福，工作的时候很幸福，甚至吵架的时候也能体会到幸福……全神贯注，心不染尘的幸福感就在你的一念之间。

勿空：这么说，只要专注于某事就会感觉幸福，是吗？

无师：是的。专注于你正在做的事，不要受其他杂念的影响。吃饭时专注吃饭，喝水时专注喝水，听课时专注于听课，睡觉时专注睡觉，这就是幸福了。其实幸福很简单，只是人们总是好高骛远，把幸福都轻易地丢下了……

勿空：嗯，听您说话的时候，我觉得很幸福。

无师：哈哈，学得很快嘛！

善意的谎言该不该说？

勿空：师父，请问善意的谎言该不该说啊？

无师：我们每天都在说啊！

勿空：什么？

无师：你看，我不是总夸你聪明吗？

勿空：哈哈，师父您在逗我是不是，您知道我啥意思的！

无师：我们人是依赖于精神而活在世上的生命体，身体绝大部分的疾病都是由我们的负面思想和情绪积累产生的。所以，我们对正面情绪的需求是充满整个生命历程的。

勿空：您是说，我们的身体需要正面情绪的支撑，对吗？

无师：对的，我们虽然都知道未来大概率会面临困难、障碍、压力、疾病、分离，但都会选择用美好的预期、正面的鼓励等这些“善意的谎言”来给自己内心种下积极的种子。而正是因为有这些正向的潜意识，才使其真的有机会在未来成长为现实，正所谓心想事成啊！

勿空：嗯，可是说谎总是不对的吧？

无师：判断“谎言”到底该不该说，应该从判断发心开始。如果你的发心是利己的，那就不该说谎，但如果你的发心是无私利他的，这就不一样了。就像你面对重病的家人，告诉他病情并不严重，安心养病，这是你的慈悲啊。两害相权取其轻。

勿空：哦，我总担心犯了妄语的戒。

无师：利己的担心和利他的慈悲，哪个更重要？要怎么选你清楚了吧？

勿空：嗯嗯，清楚了，一切看发心。

无师：人是有情生物，心有千千结，身有千千劫。人体会以攻击自己身体器官的方式来消化自己的情绪，没有什么比善良积极的发心更重要的了。

勿空：嗯嗯，我明白了，谢谢师父指点。

你所谓的爱与信仰，是否只是一场“收支平衡”的交易

勿空：师父，为什么很多人可以对路人和颜悦色，却对家人经常怒火中烧？

无师：那是因为他们在和家人做交易！

勿空：什么交易？

无师：情感交易。很多人宁可爱猫猫狗狗，也不愿意对人付出感情。

勿空：对啊，这是为什么呢？

无师：因为猫猫狗狗依附于主人，不会和我们产生矛盾，不会不认可我们的观念。而每个人都有自己的思想，有自己的行为方式和习惯，会不认可你甚至会反对你。和家人每天接触，这种碰撞就会越发频繁。

勿空：但这跟交易有什么关系呢？

无师：你看，人们付出情感，是希望能从对方那里得到同样的情感回报，大家嘴里所说的爱与信仰，都是在追求一场“收支平衡”的交易。一旦你的“付出”没有得到想象中的“回报”，你的思想没有被他人认可，便会产生烦恼，进而产生矛盾和冲突。

勿空：嗯，猫猫狗狗和小孩子都不会这样，它们处于绝对的劣势，寄生在你家里，只会顺从你……

无师：对啊，可是，真爱和信仰是不能拿来做交易的，尤其是对家人。爱，是在你付出的同时，就收到了回报的，回报就是那一份发自心底的喜悦，并不需要其他额外的“回报”。有些弟子非常虔诚，不过，一旦别人对他的行为表示不满或者提出批评建议，他立马怒火中烧，这也是出于交易的心理，他需要反省自己……要知道，没有任何人有义务必须认可你的言行。

勿空：嗯，我得好好反思一下了。

爱的表达式

勿空：师父，爱和贪欲有什么区别呢？

无师：嗯，这个问题很好。大家之所以分不清爱和贪欲的区别，是因为我们现在把“爱”这个词表述得太笼统了，这样的爱有的时候甚至成了人们相互折磨的理由。

勿空：哦？那爱怎么能表述得更具体呢？

无师：我给你一个爱的表达式，爱＝慈＋悲＋喜＋舍，都是加法，很简单吧？

勿空：这不是四无量心吗？怎么是爱呢？

无师：你在表达爱的时候，用这四无量心去衡量，就知道是不是真爱了。这个慈，就是慈爱之心，是期待他人幸福美满之心，与自身无关；悲，就是悲悯之心，能够共情于他人的悲伤和痛苦；喜，便是喜乐之心，能够理解他人的喜悦和欢乐；舍，是舍离之心，是指我们能够舍离欲望与愤怒之心。

勿空：哦？期待他人的幸福，共情他人的悲伤，随喜他人的欢乐，舍离自身的贪欲，这果然很有爱。

无师：嗯，当你判断是否爱对方时，用这四个标准衡量一下就一目了然了。

三月主题：学习与成长

暮春的私语

心不染尘，万物为师！

无师：勿空师父，你早！

勿空：哎呀！不敢不敢，您才是我师父！

无师：能让你成长、让你觉悟的都是老师，都应心存感恩。

勿空：可是一直都只是您在教我啊。

无师：你也在帮我修行，没有你的问题，我又怎么会有答案呢？在修行这一路上，我们互为师徒，互相成就，所以，谢谢你。不仅是我，所有人都是你的老师。

勿空：啊？那些讨厌我、指责我的人也是吗？

无师：那些老师让你洞悉自身的问题，是培养你忍辱的老师。

勿空：那攻击我、欺骗我的人呢？

无师：他们不也在磨炼你的意志，提升你的判断力吗？

勿空：那些远离我，甚至干脆不理我的人，难道也是老师？

无师：他们教会你独立生存和思考。

勿空：哎呀，还真是啊！

无师：世间万物都可以点化你的成长，心不染尘，万物为师！

求异存同

勿空：师父，我怎样才能有大的进步啊？

无师：求异存同！

勿空：您是说“求同存异”吧？

无师：不是，我说的是求“异”存“同”！

勿空：什么意思？为什么是反过来呢？

无师：你看，你有动力跟我学习，不正是因为我的思想和你不一样吗？如果我们想法都一样，那就是在聊天，不是在学习，你也没有办法从我这里得到新的感悟，那怎么进步呢？

勿空：哦……是呢。

无师：如果人们对一件事或一种思想有不同的结果或结论，那是因为原始的动机不同、过程各异，这才是我们修行时真正需要了解的。任何一个“开悟”的瞬间，都是你终于发现原来自己“错了”的时候。

勿空：哦！这就是“恍然大悟”啊！

无师：对啊，发现不同思想，学习不懂的知识，重视不一样的动机，才能不断进步。做到知不知，求不同！

所有困难都是你的想象

勿空：师父，在社会上生活压力好大，困难重重啊！

无师：所有的困难都是你想象出来的。

勿空：啊？困难是实实在在存在的啊，怎么是想象出来的呢？

无师：好，那我问你，任何一个困难是不是都有它出现的原因？

勿空：是，凡是困难都有原因。

无师：知道了困难的原因，也就会有解决方法，对吧？

勿空：是，但是正因为自身能力不足以解决，所以就成了困难了。

无师：那么，按你的逻辑来讲，提升自己的能力就是最终的解决方法了？

勿空：说到根上，是的，一切困难的缘由就是自身认知和能力不足。

无师：好了，那我再问你，有谁夺走了你正看着的书吗？有谁关闭了你正思考的大脑吗？或者是谁挡在你学习精进的路上吗？

勿空：啊？这个，没有……

无师：你看，如果有，那个人也是你自己。困难在哪里？只在你心里啊！从小事做起，有问题就去解决，你会发现，解决方法永远比问题多，“困难”二字只是你内心的借口，来自你的想象，实际并不存在。

师父，怎么才能认识那些优秀的人？

勿空：师父，我总觉得很难交到好朋友。

无师：嗯，怎么说？

勿空：我总觉得周边的朋友都有各种各样的毛病，而那些很优秀的人又没机会认识。我也知道这样想不好……

无师：那么你自己呢？是不是也有很多毛病呢？

勿空：是啊，当然，我的确也有很多毛病。

无师：那为什么奢求别人能接纳你，跟你做朋友呢？

勿空：是哦，那怎么办呢？怎么能和更优秀的人交往呢？

无师：想要和更优秀的人交朋友，唯一的方法就是把自己变得足够优秀！

勿空：啊！原来是这样，不过这也会非常难吧？

无师：最难走的路往往就是捷径，何况努力培养自己这件事本身就足够有价值了。

勿空：嗯，弟子知道了，谢谢师父指点。

心中的尺子

勿空： 师父，学佛以后，如果见到很多不如法的人和事，该怎么去处理？

无师： 为什么是学佛以后？你之前没有这些困扰吗？

勿空： 因为学佛以前不懂，没有觉得怎样。但学佛之后才知道，有很多事是不如法的，所以看到了不舒服。

无师： 嗯，我们学习佛法，相当于找到了一把尺子，一把衡量为人处世原则的尺子，可以用来照见我们日常的思想和行为，这很好。

勿空： 您的意思是，用这把尺子去衡量是非对错就不会有困扰了，是吗？

无师： 不是，虽然我们拿到了这把尺子，但这把尺子只可以用来度量自己。我们修行的过程，就是用佛法这把智慧的尺子，修正自己的思想和行为，而不是拿来指责和纠正他人的。

勿空： 啊！可是，那要怎么做才对呢？

无师： 莫舍己道，勿扰他心！做好你自己就对了，当你自己还有诸多问题的时候，你是没有足够的能量正确引导他人的，反而会起到反作用。有朝一日做到了，那么你的光自然就会照亮周遭的每个角落。不用刻意为之，做好自己，自然随顺。

准备好一个正直的自己，其他的事，交给因果好了

勿空：师父，世事变幻莫测，我们该怎样度过这一生？

无师：方法千万种，原则就一条。

勿空：有什么样的原则能简单到可以指导一生呢？

无师："正直"。处事的方法多种多样，但最重要的是做事的发心。不论遇到什么样的境遇，面对什么人，你只要准备好一个正直的自己，其他的事交给因果就好了……

勿空：嗯！正直做人！就这么简单？

无师：这并不简单啊！当你在顺境时，这很容易做到，可是当你遇到逆境，仍然保持心态平静，坚持原则，不做违心之事，就没那么容易了。

勿空：嗯，那遇到具体事，要怎样做才对呢？

无师：那就是第二个原则了——大胆做事。保持正直的发心，大胆去做你认为正确的事！

勿空：那如果努力了还是没做好的话，又该怎么办呢？

无师：那就是第三个原则了——看淡成败！结果并不是最重要的，成事有各种因缘，你尽力了就好。

勿空：嗯，好棒！弟子学会了。

无师：你再复述一遍，我看你记住没？

勿空：嗯，正直做人！大胆做事！看淡成败！

无师：没错！

事业成就的秘密

勿空：师父，每个人都希望事业成功，应该怎么去做呢？

无师：掌握最佳的商业模式，一切便如顺水行舟。

勿空：那什么是最佳的商业模式呢？

无师：这世上最佳的商业模式就是“利他”！

勿空：啊？商业的本质不都是自私的吗？

无师：不是的，不论是创业还是在职场，事业成就的核心秘密都是“不断提升自身的价值”，而你为他人创造了多大的价值，你自身便会有多大的价值。

勿空：人家都说，商场如战场，充满了尔虞我诈，并不像您说的这样啊？

无师：小成可以靠聪明，而大成就要看发心和智慧了。作为创业者，你能为多少人解决他们的问题，能让多少人获得利益，你的产品就会有多么成功。同样地，在职场中，你的存在能为同事和公司解决多大的问题，提升多少效率，也代表着你的价值。你看，这一切的实现都依赖于你那颗“利他”的发心啊。

勿空：嗯，我明白了，原来道场就在办公室啊，谢谢师父指点。

无师：行坐皆可修行，触目无非道场！

寻找你的独立人格

勿空：师父，我很笨，很多事都做不好……

无师：打住！不要自我设限，尤其是这种负面人格。

勿空：啊？您说的这是什么意思？

无师：负面人格在你潜意识里会不断被强化，对你的成长没有好处，你可以说自己目前不擅长做什么，但愿意学习，对自己有积极期待很有必要。

勿空：嗯，您说得对，那我怎么才能让自己更自信些呢？

无师：这是个社会问题。国人从小的教育都缺乏对孩子自身独立人格的培养，“听话”被当作了孩子优良性格的代名词。年轻的家长们自身也是这样长大的，于是要求孩子们服从大人的意识，不给他们发挥自由意志的空间。这样长大的孩子会缺乏自信，过度依赖他人，独立思考的能力很弱。

勿空：呜呜，是啊，我就是这样被父母吼大的。

无师：没关系，你还小呢，你能意识到这一点就已经很好了。慢慢调整，找到属于自己的独立人格，你会受用终生。

勿空：那独立人格要怎么培养呢？

无师：遇到问题不要人云亦云，主动培养独立思考、独立判断、独立决策的能力。遇到事情不要马上求助，而应先自己想办法，做对了或者做错了都是最有价值的经验。学习控制自己的情绪，不以物喜，不以己悲。

勿空：嗯，受教了，我们学习也应该如此吧。

无师：没错，不要谁说什么就盲目接受，随时告诉自己——“容我想想”。

勿空：嗯，容我想想……

人生没有标准答案，谁说一定要满分

勿空：师父，我对现在的生活很不满意，该怎么办呢？

无师：怎样都好，人生没有标准答案，每一份答卷都是独一无二的。

勿空：可是活得不如别人，总会不甘心啊！

无师：活成别人的样子你就甘心了吗？你本来是原创的，非要活成盗版做什么？

勿空：啊！也是，我就是我，不一样的烟火。不过，我怎么都不喜欢现在的自己。

无师：每个人都有缺点，有自己不擅长做的事，但同时也都有优点。用你的优点和长处去生活，接纳、包容自己的缺点与不足，学会与自己和解。

勿空：有缺点不是应该改正吗？您为啥说接纳和包容？

无师：对于自身的缺点，很多人根本意识不到，凡事都认为是他人的错。你能清晰地认识到自己的缺点并接纳它，这就完成了最重要的一步，那么调整和改变也就是再自然不过的事了。

勿空：嗯，是，我有时总想追求完美，也真是太累了。

无师：每天做个加减法，减 1 分贪念、1 分嗔恨、1 分愚痴，加 1 分智慧、1 分慈悲、1 分喜悦，这足够了。人生没有标准答案，谁说一定要满分呢？

问题在哪里，道场就在哪里

勿空：师父，我想找到适合我的道场，应该去哪里找呢？

无师：问题在哪里，道场就在哪里。

勿空：什么意思？道场不应该是一个可以和大家一起安心共修的地方吗？

无师：在生活中遇到的烦恼，你需要先有能力克服掉，这样当大家一起安静共修时去聆听和去除细微的烦恼才更有意义。所以，你在生活中哪里遇到问题，哪里就是你的道场。

勿空：您可以举个例子吗？

无师：比如你婚姻有问题，那爱情、家庭就是你的道场；你工作有问题，那职场就是你的道场；你如果疾病缠身，医院就是你的道场……你的每一个问题、困难和烦恼，都是你的道场，随时随地，不曾离开，还需要去哪里找呢？

勿空：啊！是这样啊，那其实我们的问题都出自自己的内心啊？

无师：恭喜你，理解到了这一层。

感恩生命里的这四种人

勿空：师父，您一直说要感恩所有人，也包括那些令人讨厌的人吗？

无师：是的，在你生命里会有四种人出现，他们的出现都带着使命，助你成长，所以都需要感恩。

勿空：是哪四种人呢？

无师：你喜欢的人、喜欢你的人、你不喜欢的人和不喜欢你的人，这四种人！

勿空：听着有点绕啊……师父，我们要感恩他们什么呢？

无师：你喜欢的人，让你体会到爱与责任；喜欢你的人，让你收获温暖和自信；你不喜欢的人，让你学会了包容与尊重；不喜欢你的人，让你觉醒和成长。你遇到的所有人都是你的老师，向他们学习，感恩他们出现在你的生命里……

勿空：啊！感恩您的指点！

我能教你的，都是次要的

勿空：感恩师父您每天的教诲。

无师：不用客气，我能教你的，都是“次要的”。

勿空：啊？原来“主要的”您都藏着啊？

无师：我并没有藏着什么，但是“主要的”我没法教你。

勿空：怎么会呢？“主要的”是什么？

无师：别人能教给你的，在你的生命历程中都是相对“次要的”，“主要的”是你自己的思考、成长、感悟和体验，懂了吗？

勿空：啊！我明白了，感恩您让我知道这一点，谢谢师父。

共识可能是假的，但分歧一定是真的

勿空：师父，昨天有人说您讲的不对。

无师：啊！是谁啊？请他来喝茶。

勿空：哈哈，咋地？您不服啊？还想跟他辩论啊？

无师：不是，需要向他请教，向他学习。

勿空：哦？你为啥会这么重视批评您的人？认同您的人不是更多吗？

无师：因为共识可能是假的，但分歧一定是真的。

勿空：这怎么说？

无师：认同你的人，大家或者真的观点一致，或者只是随声附和，你们的交流，最多是从他的嘴里认证自己的观点罢了。然而，反对你的人，一定有不同于你的思考方式，才会提出质疑，所以你更应该重视，这样才能进步。

勿空：哦……但也有的人是纯“杠精”。

无师：“杠精”也有价值，他们可以从侧面考验你思维逻辑的严谨性。

勿空：嗯嗯，有道理，所以您认为分歧比共识更有价值喽。

无师：对。发现问题，解决问题，知不知，求不同，不断修正自己的思想和行为，这就是在修行了。

修行，从认可彼此的不同开始

勿空：师父，两个人的相处之道是什么？

无师：良性的关系，从认可彼此的不同开始。

勿空：不都说物以类聚，人与群分吗？思想都不同，怎么能相处呢？

无师：在修行的路上，判断你是不是真正有智慧，要看你的脑子里是不是可以同时容纳下多种不同维度的思想。

勿空：那会不会精分啊？

无师：哈哈，不会的。因为你从心底里知道，这个世界丰富多彩，从不同维度看世界会有不一样的风景，所以会接纳和包容各种价值观，而不是非友即敌式的简单逻辑。但精分的人，同时只能处于一套思维逻辑当中，这两者完全不同。

勿空：嗯，也可以不认同，但应当尊重和包容他人与自己不同的观念，对吧？

无师：对啊，这个世界并没有绝对的真理，在修行的路上，你执着地去追求还没有被你找到就被你认定了的唯一真理，那终究会失望。某一天，当停下来回头看时，你才会发现原来彼岸就在脚下。

勿空：啊！谢谢师父指点，我好好琢磨一下您的话。

不一样的100分

勿空：师父，师父，我今天的考试得了100分！

无师：哇，恭喜恭喜。

勿空：嗯嗯，谢谢师父，我觉得特别开心，总算赶上学霸勿净了。

无师：你有很大进步，值得鼓励，不过你并没有赶上勿净。

勿空：不是啊，这次我可是考了100分呢，跟勿净一样啊！

无师：你的100分，跟他的100分不一样。

勿空：都是100分，有什么不一样？

无师：你考100分，是因为你只能考100分，是你的最高水平。勿净他每次考试都是100分，是因为卷子上只有100分！

勿空：啊！草率了！

无师：山外青山楼外楼，任何时候，取得任何成就，我们都没有理由骄傲自满啊！

勿空：嗯嗯，我记住了，师父。

半个问题

勿空：师父啊，为什么那些烦心事总是发生在我身上？

无师：你继续问……

勿空：呃？什么？我问完了啊……

无师：你只问了半个问题，这样的话只会把你自己带进苦恼的旋涡。

勿空：啊？半个问题？我实在想不到后半个问题是什么？

无师：后半个问题要问："这件事情来到我的生命中是要教会我什么呢？"

勿空：啊！我有种被电到的感觉……

无师：一个问题，往往是由你潜意识里的思维方式决定的，不去探究底层的思维方式，把现象当问题，其实是在抱怨。抱怨是没有答案的。当你把"为什么会这样"换成"这教会我什么"之后，问题本身还存在吗？只留下答案和探索答案的过程了吧！

勿空：啊！恍然大悟了，我以前从来没这么想过。

无师：看问题的角度不一样了，那么格局和结局也就会大不一样。要学会问自己后半个问题。

学习的捷径

勿空：师父，请问学习有些什么捷径吗？

无师：有啊！

勿空：啊？真的啊？您快说说，哪条路是捷径呢？

无师：最艰难的那一条。

勿空：师父您逗我？

无师：没有啊，我说的是真的，这世上很多事都是有伪装的，你要自己认清楚！捷径伪装成了障碍，机会伪装成了困难，智慧伪装成了烦恼……

勿空：啊！我明白了，这就是您常说的烦恼即菩提吧？

无师：你没有经历烦恼，又哪里来的因解决烦恼而带来的觉悟呢？所以感恩一切不如意吧，它们都是助力你成长的伪装者而已。

勿空：哦，原来是这样，谢谢师父指点。

那些不同的思想，是你不断成长的契机

勿空：师父，我学了这么多年，感觉没什么长进，也不知道问题在哪里。

无师：嗯，那你知道人类进步的主要原因是什么吗？

勿空：不知道。

无师：人类之所以进步，主要是因为下一代不怎么听上一代的话。

勿空：哈哈，虽然您是开玩笑，但是还蛮有道理哈。

无师：你看，释迦牟尼也是因为不满足于前人流传下来的教义，才创立了新的教义。

勿空：师父您的意思是？我不听您的话进步会快点？

无师：我的意思是，你的进步速度，来自你面对不同的观点时的心态，成长往往来自这个节点，你是选择完全拒绝？还是辩证接收？抑或是从中产生自己的思想？……

勿空：哦！我明白了，面对不同观点的态度决定了我成长的速度。

无师：是的，跟你思想一致的观点，不会促使你成长，反而是那些不同的思想，才是你不断成长的契机。

成功三部曲：犯错、认错、改错

勿空：师父，怎么才能更快地成功呢？

无师：加快犯错的频率。

勿空：我问的是“成功”，不是“失败”啊，师父。

无师：无论你是修行还是做事业，只有不断地发现自己的“错误”，才能更快进步。

勿空：您能解释一下吗？

无师：在这个瞬息万变的社会，做事业如果一直把持着过去的“成功”经验，故步自封，那很快就会被淘汰。只有不断变革，不断尝试，不断纠正错误，才能更趋近于成功。

勿空：嗯，这个我理解了，那修行总不能老是犯“错”啊？

无师：修行就更是这样了，需要你不断闻思精进，时时审视自己的言行，每一个小“觉悟”都发生在你发现之前自己“想错了”“做错了”的时候……

勿空：哦，对哈，从不明白到明白，就是“开悟”了。

无师：所以你看，想要更快地成功，就需要不断思考、不断践行、不断地改正错误啊！那些明知道做错了还死不认账，给自己找一堆借口和台阶的人，哪来的机会进步呢？成功三部曲就是：犯错、认错、改错。

勿空，你的心漏了一个洞啊

勿空：现在除了师父您，别人跟我讲的，我都听不进去，这样是不是不好？

无师：勿空，你的心里漏了一个洞啊！

勿空：啊？什么洞？在哪儿呢？

无师：这个洞的名字叫“成见”，很多人心里都有这个洞。他们表面上看起来很谦虚，到处请教人生的道理，但在心中始终判断别人的话是否合自己的心意，不愿意接纳不合心意的说法，所以看到谁都不认可，只愿意相信那些自己喜欢听的话，也就永远无法得到真正的答案……

勿空：啊！的确是这样，不愿意听的，我会想方设法驳倒他，执念太重了。

无师：对啊，这就相当于往一个有漏洞的杯子里倒水，一边倒一边漏掉，最后什么也剩不下。

勿空：啊，那要怎么做才好呢？

无师：不用着急，其实，只要你意识到了有这个漏洞的存在，这个漏洞就会越来越小了。每次和他人交流的时候，时不时问问自己是不是又带着成见就好。心的漏洞其实还有很多，贪婪、嗔恨、愚痴、傲慢、猜疑、嫉妒、懦弱、浮躁……这些也都是，我们修行的目的，也就是要把这些漏洞一个个补上。

正是你过往的成功，让你变得平庸

勿空：师父，一个人为什么会越来越平庸？

无师：是你过往的成功，让你变得平庸。

勿空：啊？取得成功就不平庸了啊，怎么取得成功反而会平庸呢？

无师：你在一无所有的时候，充满创造力，敢于挑战权威，敢于突破制度，追求与众不同。但当你因此拥有了一些成绩和认可的时候，这些成绩就变成了你的顾虑和包袱，你甚至开始变得畏惧，害怕失去来之不易的成绩，而取得成绩所用的方法，也便形成了惯性，于是变得保守且顽固。

勿空：哦，怪不得上了年纪的人总是那么保守。

无师：是啊，有一句话“终于活成了自己讨厌的样子”，原因就在于此。长此以往，你取得的成绩越大，思想越固守，看不到缺点，不愿接受新思想、新方法，从一个“变革者”变成了“保守派”，甚至变成了既得利益群体的一部分，那么“平庸”也就在所难免了。

勿空：那我每天非常努力地工作，是不是可以改变这个“平庸”呢？

无师：很遗憾，你每天无比努力地工作，不断取得成绩，但也同时慢慢形成了自己的茧，你成功的同时也达成了“平庸”。

勿空：啊？那怎么办呢？

无师：你必须随时“清零”，放下成功所带来的惯性和包袱，面对新的世界不断突破自我，挑战固有的思维模型，才会有机会战胜平庸，破茧而出。用年轻人的心态，面对年轻的世界。

勿空：啊！师父，虽然您比我年长几十年，感觉您的心态比我还年轻，敬佩。

无师：从现在起学会“清零”也不晚，“愿你出走半生，归来仍是少年”。

你把时间花在哪儿，决定了你会成为什么样的人

勿空：师父，我怎样做才能活成我希望的样子？

无师：花时间去做。你把时间花在哪儿，决定了你会成为什么样的人，光“想”是做不到的，得“做”。每天就24小时，你怎么用，决定了你走哪条路，别给自己效率低和浪费时间找借口。

勿空：哦，可是我也很努力在做，但就是做不到啊！

无师：这个世上优秀的人太多，而且每一条路上又都是荆棘密布。如果你做不到热爱并专注于某个领域，并把这作为生命中最重要的事情之一，花足够多的精力和热情去钻研，那就不要抱怨随处体现的平庸。

勿空：啊！您是说我的努力还远远不够吗？

无师：是啊，要么别对自己有过高的期望，要么准备好足够的热情和时间，全力以赴。大多数人在努力之后就会认为自己应该成功，而真正成功的人，在付出了自己全部的努力之后，仍然会担心自己有没有浪费时间，这就是差别。

勿空：啊！看来我还是太懒散了。

请打开你的飞行模式

勿空：师父，我觉得我每天的生活总是忙忙叨叨，杂念很多。

无师：那是因为你每天接受太多的无用信息，不能集中精神做事或修行，被动接收，懒得思考，导致原地踏步。试试打开你的飞行模式。

勿空：哦？行（拿出手机），为啥打开飞行模式？

无师：不是让你打开手机的飞行模式，是你心里的飞行模式！这也是我们修行的重要功课。你要学着随时打开自己的飞行模式，做事的时候，才能专注而不受干扰。

勿空：啊！这具体要怎么做呢？

无师：还记得我给你出过的填空题吗？每天（_______）做最重要的事，（_______）做其他的事！要怎么填？

勿空：呃……忘了，应该填“先、再”吧？

无师：哎，人不大，忘性不小，错了！应该填“只、不”！

勿空：啊？可是，只做最重要的事，不做其他事的话，那么多事怎么做得完啊？

无师：你做完最重要的事之后，次重要的事自然变成最重要的了啊！

勿空：哎？哦，哈哈，原来是这样啊……

四月主题：情绪与逻辑

新夏的吟唱

对错不用争辩，吵的都是情绪

勿空：很多人为一点小事能吵得天翻地覆，后来想想觉得很不值得。

无师：对错不用争辩，吵的都是情绪。

勿空：为什么呢？

无师：任何一件事，没有所谓绝对的对错，都是站在各自不同的立场看问题罢了，站在你的立场不可饶恕，站在他的立场理所应当。虽然事实简单明了，但吵架的人会抛开这些，然后互相发泄情绪。

勿空：嗯，那这怎么破？

无师：认可对方，承认错误。

勿空：自己没错也承认错误？不是吧？

无师：你犯的最大的错误就是认为自己没错，没有任何一个观点不带有偏见，承认错误不会伤害到你，让自己换位思考，只会使你进步。永远不要用情绪代替理智去处理问题。

勿空：可是那要怎么做呢？争执的时候真的很容易坚持自己的观点啊？

无师：给你个小技巧，用了就会好很多，然后慢慢适应。

勿空：哈哈，您快说！

无师：在对方表达了观点之后，无论你认不认可，都先说“嗯，我理解……”，然后再说自己的想法。你试试，很管用的。这样的态度可以使自己自律，获得进步，也可以让对方体会到你能够站在他的立场思考问题，学会不带情绪的交流。

勿空：哦？这倒是不难，我回去试试这个方法，谢谢师父。

无师：不见世人过，清静本自心。

当你发现自己错了，就对了

勿空：师父，这么多问题，您为什么都有答案，而我自己就想不出来呢？

无师：因为你陷在问题的逻辑里，而我是站在问题的外面看。

勿空：什么意思？这有什么区别吗？

无师：问题是由你的思维定式产生的，换句话说，一个问题不可能用产生这个问题的思维方式去解决。

勿空：哈！听起来挺有道理。

无师：当我们发现一个问题的时候，不去探究自己的思维方式而只考虑问题本身，自然是没有答案的。你要做的是跳出问题的思维框架，从更高的维度思考探索这个问题产生的原因，一步一步倒推，一旦你了解到产生这个问题的本质原因，问题自然迎刃而解了。

勿空：嗯！那这些问题和困难有没有什么共性的原因呢？

无师：有的。共性的原因就是你自己，分析到最后你会发现，最大的问题往往就来自自我的认知、偏见、态度、安排与决策。所以，当你最终发现是自己错了的时候，那就对了。

别以为事实和逻辑天下无敌，它们往往赢不了情绪

勿空：师父，每次和勿净吵架我都气得肝儿疼。

无师：哈哈，什么情况？

勿空：我给他摆事实讲道理，死活就是不行，他就是没完没了胡搅蛮缠。

无师：那我告诉你，有一个东西比事实和逻辑要强势得多，你不尊重这个东西永远赢不了。

勿空：不是吧？有什么东西比实事求是还豪横？

无师：这东西叫作“情绪”。别以为事实和逻辑天下无敌，它们往往赢不了情绪，大多数争执吵的都不是事实而是情绪，尤其是夫妻之间。

勿空：哈哈，还真是，这情绪一上来，什么逻辑都甘拜下风。

无师：人是感情动物，你把感情这一关过了，就没有啥可吵的了。但不是任何时候逻辑都是有用的。即使你再正确，有时候也没用，要先处理好情绪，解决大矛盾。

勿空：嗯嗯，我貌似懂了，这就去找勿净联络一下感情，嘿嘿。

当情绪化为感受便得到了平静

勿空：师父，为什么受伤的总是我？怎样才能不受伤？

无师：天总是会下雨，下雨总会淋湿衣服。

勿空：可是为什么总是我淋湿衣服？

无师：淋湿了衣服，回家换一身就好了，而不是站在雨里问为什么。

勿空：啊……

无师：你被情绪所左右了。情绪是情绪，感受是感受，不要把二者混淆。

勿空：这有区别吗？

无师：情绪是对外的，感受是对内的。情绪把责任推卸给外界，而为感受负责的只有自己。情绪得不到回应时，你会焦虑、郁闷，而如果你看到的是自己的感受，只会让你得到平静。是时候戒掉你的情绪了！

勿空：啊！了解了。不过，事情到了，情绪就来了，控制不住啊！

无师：的确如此，所以才需要修行，先意识到情绪的存在，慢慢体会把情绪转化成感受，这样的练习做久了，便养成了习惯，就不会再被情绪所左右了。

勿空：嗯，谢谢师父，我又学到一招。

勿空，在这张纸上你看到什么？

无师：勿空，你来，我来考考你的观察力。

勿空：啊！好的，师父。

无师：我这里有一张纸，你描述一下看到了什么？

勿空：我看到这张纸上有一个黑点！

无师：还看到什么？

勿空：嗯……没了，这上面只有这一个用黑色笔画上去的黑点而已，没别的了……

无师：你再仔细看看，还看到了什么？

勿空：嗯……真的没了，就这么一个黑点……

无师：除了这一个点以外，难道你没有看到周围大片的白吗？

勿空：啊！是啊，完全忽略了……真惭愧……

无师：这就像我们的生活，大多数人都专注于看那个黑点，看到生意的不如意，看到他人的缺点，看到人情的冷漠，等等，一言不合就拉黑。其实，那只是生活中的一小部分，可你却用这些负能量否定了周边大量的美好，让这些不如意污染了整个心灵……

你眼中的“他人之过”，可能恰恰是他解决问题的办法

勿空：师父，所谓“不见他人过”，这个不是有点自欺欺人吗？

无师：你之所以这么想，是因为没有理解“他人之过”的本质啊。

勿空：那要怎么理解呢？

无师：你眼中的“他人之过”，要么是对方“无意之举”，要么恰恰是他解决问题的方法、角度不同罢了。在你看是“过错”，在他看是“办法”。如果他不用这样的办法，或许会面临更严重的问题。

勿空：啊？什么意思？我不是很理解。

无师：没有任何一个行为是没有理由的，对方的言语和行为，都有他潜在的目的，要么是舒缓压力，要么是排解情绪，要么是避免恐惧，要么是获得认同，抑或是逃避孤独。总之，都是在以最低的代价，博取尽量大的慰藉。感情如此，生活如此，事业也如此。

勿空：这就是人和人之间产生矛盾的原因吧？

无师：是啊，家长和小孩子、老板和员工、亲人和朋友、兄弟和恋人，所有人与人交往的时候都是这个逻辑。这也就是站在自己的立场，指责“他人之过”并不会得到真正“正向回应”的原因。因为你眼中的“他人之过”，恰恰是他解决问题的办法，这又怎么会产生“共识”呢？

勿空：嗯嗯，可是那要怎么办才好呢？

无师：遇到问题，唯一的解决方案就是设身处地站在对方的角度，去理解他，别无二法。当你真正理解了，问题和矛盾自然也就化解了，指责无意，徒添烦恼。任何人的“有意之举”你都是改不了的，就像你叫不醒装睡的人一样啊。

勿空：嗯！我明白了，谢谢师父指点。

识不足多虑，威不足多怒，信不足多言

勿空：师父，有人整天焦虑，有人爱发脾气，有人话多唠叨，这都是什么原因呢？

无师：识不足则多虑，威不足则多怒，信不足则多言！

勿空：什么意思？

无师：如果一个人见识不足，经验不足，对未来无从判断，必然思虑过度、担忧狐疑、没有安全感，也就是我们常说的焦虑。所以焦虑其实并不都是外界给我们的，而是自己见识浅薄造成的。

勿空：哦，是这样啊，那“威不足则多怒”怎么解释？

无师：威德或者自身逻辑混乱，不足以服众，就会容易发怒。发怒只是想用来树立威望，反而暴露出了德行的不足。真正有学问、有道德的人不需要用暴怒去震慑他人，所以必定谦虚恭敬，平易近人。

勿空：嗯，有道理，那话多的人呢？

无师：说大话，没人信，所以没完没了地说喽！《易经》上说“吉人之辞寡，躁人之辞多”也是这个道理。话多有时候从侧面表现出了一个人信用的缺失，所以诚实守信，言简意赅很重要。这些负面情绪大多是自身修养不够造成的啊。

时时清明，处处自在

勿空：师父，清明节了，您也要去扫墓吗？

无师：我正在扫……

勿空：您不是在这里打坐吗？怎么说是在扫墓呢？

无师：我在为自己扫墓……

勿空：啊？您又没死，扫什么墓啊？

无师：你我的心每天被各种欲望、烦恼的尘埃所覆，这里才是最需要清扫的地方啊……

勿空：啊！我知道了，扫除内心的贪、嗔、痴，跟它们告别。

无师：是的，我们一直都在跟过去的自己告别，不论你刚才是开心还是烦恼，喜乐还是悲哀，那都已经过去。学会放下过去的自己，才能够清醒地面对当下，时时清明，处处自在。

清明，请为自己扫墓

晨
微凉
打开窗
和着阳光
点一缕心香
那个昨天的我
请顺手把他埋葬
无论快乐还是忧伤
不论是痛苦还是迷茫
全部都已经无须再思量
如果生命只剩下最后一场
你是否愿意过得和昨天一样
期盼每天醒来都能有新的成长
就要不断放下过去那个自我形象
时刻感悟到人生难得而且变化无常
不再会因为昨天任何的烦恼黯然神伤
经历再大的风雨也未必意味着坚强
对过往的留恋会无情地瓦解情商
或许你经历过无数次迷途之殇
迄今为止依然没有找对方向
梦想着要超越轮回的磁场
告别了自己也告别远方

时刻提醒把烦恼遗忘
观心自在出离彷徨
向内看反转目光
清扫心灵墓场
需要你转向
告别过往
去迎接
菩提
光

每一个观点都是“偏见”

勿空：师父，我发现，不论你说什么总是会有人“喷”，这是为什么？

无师：这不奇怪，因为每一个观点都是“偏见”。

勿空：啊？每一个？怎么会？

无师：对，每一个！任何一个你想到的、说出的、听到的，都是偏见！只能代表部分维度，有着独立的前提，站在任何其他前提、角度或立场就变成了偏见。

勿空：啊？那如果这样的话，正确的认知又是什么呢？

无师：认知就是一个“偏见”加上另一个“偏见”，聪明的人会从这一堆“偏见”之中悟出正见。然而只要你一开口说出来，便又带着前提、角度……于是在听的人那里又变成了“偏见”……

勿空：虽然有点绕，但似乎的确是这样。那这些“偏见”就没有意义了吗？

无师：不是的，这些都是非常珍贵的“偏见”，正是这些众多的“偏见”促成了你认知的提升。所以不要人云亦云，要有自己的思考和判断，博采众长，方得始终，兼听则明，偏信则暗！

勿空：啊！我又学到了，谢谢师父。

发心的逻辑

勿空：师父，我们为什么特别注重发心？

无师：这个道理其实特别简单，但却常常又被我们忽略。你认为，一件事的成功是基于什么？

勿空：是基于因和缘的成熟。

无师：很好，那么这个过程中，起到决胜作用的又是什么呢？

勿空：嗯，是我们不断的努力吗？

无师：对啊，我们之所以能成功，最基本的原因是我们努力在做。那么，又是什么促使我们付诸行动的呢？

勿空：是我们强烈的愿望。

无师：非常正确，正是你非常强烈的发心产生了持续不断的动力啊！

勿空：啊！果然发心很重要，发心影响行动，而行动才能获得成功，所以发心是根本！不过，一件事能成功，“因”和“助缘”都要具足，才能实现啊，那“助缘”怎么控制呢？

无师：你别忘了，你有多成功，取决于有多少人希望你成功。你纯正、善良、利他的“发心”，会使得越来越多的人被你的良善动机所感召，这些就是你的“助缘”。

勿空：啊！这下我完全明白了，慈悲、利他而且坚定的发心，是所有一切成功的根本啊！难怪师父们总是强调“发心”了！

无师：嗯，不过也要注意，“发心”需要适度，那些非常空洞且远远超过你执行能力的发心，就成了妄念。它们非但不能导致你实现目标，反而会使周围信任你的人离你远去。如何取得平衡，是你的另一门重要功课了。

一个微笑，胜过任何言教

勿空：师父，我也希望去布施做公益，但是我实在是没钱，很无奈。

无师：给有困难的人提供财物上的帮助，这是财布施。在朋友圈里看到充满智慧的好文章分享给他人，这是法布施。给他人以信心、爱心，帮助他人去除恐惧，这是无畏布施。这些都是布施，你都可以去做。

勿空：嗯，好像这些我也都缺乏，没钱、没能力，自己还有一身问题，更不要说给他人信心了，真郁闷。

无师：没有关系，你即使一无所有，也可以做布施啊。

勿空：那怎么做啊？

无师：一个微笑，胜过一切言教，以微笑面对他人，这叫颜施；对他人说赞美、鼓励、安慰的话，这叫语施；与他人敞开心扉，坦诚交流，这是心施；以善意的目光去和他人交流，这叫作眼施；以自己的行动去帮助别人，叫作身施。这些在没有钱、没有能力的时候也一样可以做的。

勿空：啊！原来有这么多可以布施给他人的东西啊。我学到了，谢谢师父。

生活的真相，是那些没法发到朋友圈里的内容

勿空：师父，我嗔心很重，不知道该怎么调和。

无师：嗔恨之心来自不断积累放大的嫉妒，而嫉妒来自羡慕和抱怨。

勿空：您是说，羡慕他人所拥有的，抱怨自己所没有的，是吗？怎么解？

无师：当你了解了生活的真相，你便不会羡慕和抱怨。

勿空：那生活的真相又是什么呢？

无师：真相是那些没法发到朋友圈里的内容。我们所有人都是凡夫，是凡夫就必然有烦恼、痛苦，你看到的都是他人光鲜的一面，他背后所承担的困苦你根本无从了解。如果一旦了解，你便不会再羡慕，更没任何理由抱怨。用假象给自己平添烦恼，实在没有意义，遇到烦恼，接纳便是。

勿空：嗯，是啊，总想活成别人的样子，反而会丢了自己。其实那些都是别人想让我们看到的样子，并非真实。

无师：若是凡夫，必有烦恼，如能接纳，何须抱怨。

丢脸

勿空：师父，您前天说自己“没脸可丢”，我想了两天，也没想明白您怎么能做到。

无师：想要“丢脸”是有前提条件的，要么不知道的假装知道，要么没做到的假装做到了，再有就是你吹牛说假话被人揭穿，这才会觉得丢脸。这些事都不做，怎么能“丢脸”呢？

勿空：哈哈，还真是。

无师：所以，想要不“丢脸”，就别装、别作、别咧咧就好了，无知不可怕，知道自己无知就要学，别装；事情没做到没关系，承认不足，找寻答案，克服困难；知行合一，有就有，没有就没有，别吹牛，谎言早晚有被揭穿的一天。不过，这些并不是最重要的。

勿空：最重要的是得脸皮厚，对吧？

无师：哈哈，这也是一种能力，不过不是最重要的。

勿空：那最重要的是什么？

无师：最重要的是真正认识到自己的无明愚痴，你需要不断精进学习才能做到。只有不断提升自己的认知，才会站在更高的维度看清自己的愚痴，一旦当你真正看清了自己的愚痴和渺小，才会由内而外，发自肺腑地沉下心来，向出现在你生命里的所有人学习，向周围的一切学习。谦逊不是装出来的，而是在层层剥离掉内心的虚伪之后，实实在在被发现的。

勿空：啊！原来在丢脸这件事背后藏着的是傲慢啊。

无师：不错啊，你意识到了。所以，心不染尘，万物为师，谨记！

勿空：谢谢师父指点，我明白了。

记恨某人，是个很没逻辑的事

勿空：师父，您有没有恨过什么人？

无师：以前年轻时有，后来就放下了。

勿空：哦？您是怎么放下嗔恨的？我想学学，我有时想起某些人还是恨得牙根儿痒痒。

无师：嗔恨这件事是一件很费神的事。你恨的这个人是你讨厌的吧？

勿空：对啊，我很讨厌这个人。

无师：如果你讨厌这个人，那又何必为他费神呢？你恨他只能自己难受，他压根儿不知道。

勿空：也是，浪费这时间干什么？不过，有的时候也会是自己爱的人，该怎么办呢？

无师：如果是你喜欢的或者爱的人，那又干吗要去憎恨他呢，应该祝福不是吗？

勿空：哦！那师父您也是因为想通了这个道理，所以就放下了憎恨对吧？

无师：也不全是，我的确是因为老了，脑子记不住，所以也就都忘了。

勿空：哈哈哈，您倒是很诚实。

无师：对治嗔恨心，禅宗还有个参话头的方法也很管用哦。

勿空：啊？那您快跟我说说。

无师：方法就是，在你嗔恨心产生的时候问自己一个字："谁？"

勿空：啊？谁？什么意思？

无师：就是问自己，生气的人是谁？？？这份嗔恨属于谁？

勿空：是我啊！属于我啊！

无师：谁又是"我"呢？

勿空： 这……这个身体就是我啊。

无师： 是吗？你饿了、困了、疼了、痒了，这些都控制不了，怎么说是你呢？到头来，你其实根本找不到这个实体的“我”，那么这个嗔恨还留着干吗呢？这样一想，自然也就放下了。

勿空： 嗯，原来是这样，我好好体会体会，谢谢师父。

人与人的争吵，都是“慢”与“慢”的碰撞

勿空：师父，您之前说，对错不用争辩，吵的都是情绪，这是指什么情绪？

无师：人与人的争吵，都是“慢”与“慢”的碰撞，这个“慢”指的就是傲慢这种情绪。说白了，就是谁都坚信自己没错，即使在争吵过程中意识到了错误，在好胜心的驱使下，也绝不承认，反而不断找对方说话的漏洞反击回去，最后逻辑说不过去了，就开始指责对方的态度，常见于夫妻。

勿空：哈哈，您还真有研究。

无师：一旦你明白了这一点，在准备吵架之前，如果能及时意识到自己正准备落入傲慢的陷阱，便不会有后面的尴尬了。

勿空：只要意识到就可以吗？

无师：是的，只要意识到了，便自然不会再往下发展。你可以找个机会试试。

勿空：哈哈，这机会还是越少越好，谢谢师父。

相左的意见

勿空：师父，我经常因为别人否定我的观点而生闷气，该怎么办？

无师：那你就要好好研究一下自己的观点是不是有问题了。

勿空：没有！就是对方胡搅蛮缠、强词夺理，我才生气的。

无师：那只是表象，潜意识骗不了人。如果一遇到有人跟你观点冲突，你就怒火中烧，那是因为你潜意识里对你所抱持的这个观点并没有充分的理据。

勿空：不是啊，我的观点没什么错啊。

无师：前一阵有一个新闻，说有一些人坚持“地平说”，认为地球是平的，还发火箭上天去看，你对这样的观点会发怒吗？

勿空：不会，我只会觉得他们挺可悲的，幼稚无知。

无师：是啊，对于你潜意识里有充分理据的观点，相左的意见只会让你感到怜悯，而不是愤怒，不是吗？

勿空：哦，我懂了，我之所以会发怒，代表我内心里也没有百分百确信，对吗？

无师：嗯，针对否定意见的愤怒，只是为了掩盖潜意识里的不确定，所以，遇到不同意见，仔细聆听，认真思考，虚心学习。

止语

勿空：师父，我受不了啦，我们为什么要修止语，整天不说话，像个傻瓜一样？

无师：像傻瓜一样闭上嘴，也比张开嘴就证明事实的确如此要强。

勿空：……师父您这骂人不带脏字的技术，我真得好好学学。

无师：虽然从字面意思上看，止语就是不说话，但却拥有无比强大的力量。在沉默面前，一切语言都会显得苍白，沉默是金，行胜于言。

勿空：可是，不说话不更容易产生误解吗？

无师：人们争论，不外乎是希望得到认可，一开口，便已落入“我执”的陷阱。我们每一个念头、每一句话语、每一个行动都会带有偏见，那些忙着争论、忙着计较、忙着战胜别人取悦自己的人，内心却无法因此得到平静。

勿空：嗯，的确如此。

无师：凡夫烦恼习气很重，遇到不如意的事就会发牢骚，看人不顺眼就想去批评、纠正。止语可以避免这些过失，克服自己烦恼、抱怨的习气，做到心不再为外境所转。话只有在比沉默更有力量的时候才值得说，如果你脑袋里缺少智慧，语言又没有力量，闭嘴是你最好的选择。

心里住着的那两个人

勿空：师父，我脑子里经常会出现两种不同的声音，让我做事时犹豫不决。

无师：我们每个人心里都住着两个人，他们一起生活，共同面对这个世界。面对问题时，他们也总是一起出现，而且你不能赶走其中任何一个。

勿空：那该听谁的呢？

无师：他们谁更能主导你的思想和行为，是由你每天喂给他们的“食物”决定的。

勿空：啥？喂食？

无师：他们吃的东西不一样。你喂他们什么决定了两者谁更强大，谁更能主宰你的人生。

勿空：啊？他们都吃些啥？

无师：一个专门吃“自私”“贪婪”“嗔恨”“傲慢”“嫉妒”，另一个专门吃“利他”“慈悲”“智慧”“谦卑”“包容”。你每天都在给他们喂食，他们谁的营养好就会更有力量，就能占据主导地位，影响你的人生。

勿空：啊！他们有名字吗？我怎么称呼他们？

无师：有，一个叫“佛性”，一个叫“人性”。

72 变的秘密

勿空：师父，怎样与人相处才能随顺自在？有没有什么秘诀啊？

无师：有啊，秘诀就是“72 变”！

勿空：“72 变”是什么？

无师：所谓“72 变”，并不是身体变，而是心性变。和热情的人相处，你需要变得奔放；和保守的人相处，你应该变得沉稳；和大人相处，要像个大人；跟小孩子相处，要像个孩子……跟狗相处的时候，你就是条狗。

勿空：哈哈，照您这样说，不是失去自我了吗？

无师：恰恰相反。你在和他人相处的时候，一味地彰显自己的个性，不过是虚荣心在作祟，希望自己被他人认可和尊重。而能够做到随顺环境，游刃有余地切换心境，融入当下情景，那才是真自在啊。心境变了，环境也就跟着变了。

勿空：嗯，有点意思，不过貌似有点难啊。

无师：想要做到境随心转，需要你不断地提升自己的认知，学会驾驭自己的心境，不被外境所牵。随缘自在，的确不易，所以我们都有很长的路要走啊。

勿空：嗯嗯，谢谢师父指点，一会儿我就去变个啥看看，哈哈。

心与心的距离

勿空：师父，心与心的距离怎么测量？

无师：通过他们说话时的音量就能看出来。

勿空：啊？这怎么看？

无师：你看，两个人如果很亲密，彼此说话的声音会很小，轻声细语。

勿空：嗯，人们吵架的时候总是大声嚷嚷。

无师：嗯，那是因为吵架的时候他们的心离得很远，不大声嚷嚷，彼此听不见。

勿空：哈哈，挺形象。

无师：大声吵架的人，基本上吵的都不是事情本身，往往是态度而已。双方都是只想表达自己的观点，不想听他人的意见，在事情本身并没有太多可争论的前提下，只能放大音量，以势压人。声音越大，心离得越远。

勿空：哦，原来是这样，那我们修“止语”时不说话，是为什么？

无师：我们修“止语”时并不用发出声音，但实际上，我们是在和自己对话，那恰恰是我们和内心最贴近的时候啊。

勿空：哦，原来是这样啊！

该动脑的时候，绝不动感情

勿空：师父，我总是和别人处不好关系，有解吗？

无师：有啊，凡事找到原因，都有解。与人相处，你只要处理好什么时候动脑，什么时候动情，就好啦。

勿空：哦？这怎么判断啊？

无师：该动脑的时候，绝不动感情，比如在工作中处理问题时，请用你的理性，因为在情绪面前，逻辑毫无用武之地；反过来，在该谈感情的时候，少算计，比如在生活中与家人朋友相处时，在逻辑面前，感情也一样会土崩瓦解。

勿空：所以，过得不幸福，就是因为处理不好这两者的平衡，是吧？

无师：是啊，我们都觉得，凡事都需要既讲感情也讲逻辑，但如果你试着把这两者尽量地理清，你会发现很多问题就迎刃而解了。绝大多数问题就出在本应用感情的时候用了逻辑，本应动脑的事偏偏却动了情。

勿空：嗯，可是事到临头时，自己也不好控制啊？

无师：这就需要不断练习了。该动脑绝不带情绪，不给自己找麻烦；该动情就少计较得失，不伤和气。你要多练习，习惯以后，就自然能做到分清界限了。

五月主题：放下与执着

夏半的流云

修行人，请结束你的表演

勿空：师父，有很多事我本身不想做，但是一想到自己是个修行人，还是不要让他人说三道四，才会违心地去做，但结果自己并不舒服，这到底应该怎么权衡呢？

无师：那就停止你的表演。

勿空：什么？我表演什么了？

无师：真实地面对自己是我们应该寻找的路。表演得像一个修行人，表演得很友善、很大度、很慈悲、很优雅，那其实是精神上的虚荣，是很危险的事。

勿空：啊！

无师：修行的路上有一种懦弱的态度，是没有勇气和胆量面对真实的自己，不敢暴露自己的弱点，不允许自己犯错，不允许自己表现得不好，这也是修行人的障碍。

勿空：可是，用圣人的标准要求自己，不也是在给自己的修行设定努力的目标吗？

无师：是的。但你要知道，真正的大德是剥离了外在枷锁之后，找到内心纯良自性的人。只通过模仿学习大德们的外在表现是达不到大德的标准的。当你不再追求外在形式和他人看法，真正做到了不加修饰，表里如一的时候，便在路上了。

越执着，越依赖

勿空：师父，弟子愿一生陪伴在您身边，跟随您学习。

无师：离我远点……

勿空：我是说错什么了吗？

无师：依赖任何人对你的成长都没有任何好处，我教你的目的，是让你尽早学会独立思考，独立处世，尽早远离执着。

勿空：啊！这也是执着？

无师：执着的对象不仅仅是指具体事物、环境，也包括人、观点、思想甚至信仰，越执着就越依赖。而有了依赖就进入了舒适区，本能地抗拒除此之外的人、事物和思想。你如果想真正地有所解脱，就不要依赖任何人。

勿空：啊！我没想到过这一层，只是想跟随师父好好修行。

无师：嗯，依法不依人，如果你执着于跟随我，你的天花板就在我这里。任何人的思想，对你有价值的你拿走，有妨碍的就扔掉，不要人云亦云，应学会独立思考。你要知道，你所坚持的任何观点，都有可能是错的。

勿空：嗯，感恩师父的指点。

放下纠结，远离伪善，别去追求精神上的虚荣

勿空：有时候我好纠结啊，有的事我不想做，但别人说你是佛教徒啊，我又觉得得做，好别扭……

无师：先摘下“佛教徒”这个标签。学佛之人和其他人并没有两样，反而是因为知道自己烦恼多，所以要不断学习，目的是成为一个觉悟的人，而不是去追求精神上的虚荣。

勿空：嗯嗯，有道理。我一直都希望能像大德们一样，如如不动，转烦恼为智慧。可是，做不到时反而更加烦恼。

无师：你并不会因为学佛就一定掌握解脱一切烦恼的方法，那只是目标。与其用大德的标准绑架自己，不如真实地面对自己。

勿空：那我再遇到这样的事时，该怎么调整心态呢？

无师：先放下你的自尊或优越感，同时也放下纠结，随顺本心，远离伪善，自然地去做你认为正确的事。别怕犯错，错了才知道怎么改，连犯错都怕，你就是个不合格的学生了。然后从中体会诸行无常、诸法无我、因果不虚的道理，这就足矣……

勿空：嗯，谢谢师父，先好好学走路，再学跑。

善忘则不郁

勿空：师父，抑郁症是怎么回事啊？

无师：记性太好，想得太多。

勿空：记性好跟抑郁症有啥关系？

无师：人生在世，不如意十之八九。都被你塞在脑子里，时不时拿出来刺激一下自己，久而久之就抑郁了。你看那些缸里的鱼，据说记忆力只有七秒，在小鱼缸里转悠一辈子也不会得抑郁症。这虽然是玩笑，但也值得思考。

勿空：哈哈哈，这么看，鱼也很幸福哈，七秒之后皆如初见。

无师：所有的过往，不论是开心还是烦恼，都早已不在了，除了在你自己的脑回路里还有留存，在任何其他地方都找不到了。那个经常拿不开心的往事来刺激你的，除了你自己，还有谁呢？学会忘记才能获得快乐！

勿空：那不是有点像阿Q的“自愚”吗？

无师：阿Q的“自愚”是做给别人看的，学会忘记是用来“自愈”的，与外界并无关系。

功德到底是什么？

勿空：师父，我今天去放生了，应该算积累了很多功德吧？

无师：随喜你的善行，不过并没有积累功德！

勿空：啊？为什么啊？做善事不是积累功德吗？

无师：很多人对功德都有误解，六祖惠能说过：“不离自性是功，应用无染是德”，用现在的话说就是“你内心没有一丝妄念，所作所为没有一丝所欲所求，这便是功德”。功德并非外在的财富，而是你内心的无染，自然也就无法累积。

勿空：师父，我以前做善事一直都是在希求积累功德，难道我又错了吗？

无师：你并没有错，但功德不是果报，也不是福利，是善行。是布施、放生、抄经、建寺等，这些都是善行。你做善事本身便是功德了，并不需要再去希求所谓获得“功德的果报”。

勿空：原来是这样啊！师父，我懂了，功德是指内心的善念，善行善念，不应有所外求。

无师：是的，念念无滞，便是功德。这个“滞”字指的就是妄想、分别和执着。善行是功，善心是德，无须外求。

总有办法

勿空：师父啊，我很困惑，目前有个坎儿过不去了！！！

无师：什么是“坎儿”？“坎儿”在哪里？

勿空：“坎儿”就是没办法处理的麻烦啊。就现在，在身边！

无师：哪儿？我怎么没有看见？

勿空：我的意思是说，现在所有事情都搅成一锅粥了，我实在过不去了。

无师：哦，原来这个坎儿在你心里啊！好吧，我教你一个方法。

勿空：啊！谢谢师父，您快救救我吧！

无师：教你两句话，第一句：总会有办法；第二句：总会过去的。

勿空：我晕！

无师：你所担心的事 90% 不会发生。你要知道，你所遇到的任何事，都在你的承受范围之内，就算发生了，也都能解决，实在解决不了还可以交给时间，你这么火急火燎的，并没有什么用啊……

勿空：哎，看来还是我自己不淡定了……师父您为啥遇事这么淡定？

无师：我老了，经历的事多了，自然就习惯了。

最了不起的人和事，都是简洁而优雅的

勿空：师父，前辈们都做了什么才会有现在这么大成就呢？

无师：他们都做了“平凡”……

勿空：啊？我看他们可一点也不平凡啊！

无师：那是他们在我们这些混沌的人眼里的样子。你执着于什么，便会羡慕什么，也就还未拥有什么。如果大师们内心执着于成为大师，他们便没法成为大师。

勿空：嗯，这么说，我们所羡慕的就是所执着的喽？

无师：是的。他人就是你的一面镜子，你看到的都是你内心执着的东西。你执着于金钱，便会羡慕富有的人；执着于地位，便会羡慕他人的名望。然而，每一个人的实质都是一样的，无二无别，那些大师无一不是平凡到极致的人。

勿空：啊！我也想成为那样的人……

无师：做自己就好，成为别人，你存在的意义在哪里？你自己就很好啊！

勿空：嗯嗯，我自己就是最美好的存在……

无师：最了不起的人和事，都是简洁而优雅的。

你有没有执着于“放下执着”这件事呢？

勿空：师父，有时候我很矛盾，都说要放下执着，可是在工作和学习中，执着坚持才能够做好，不是吗？

无师：放下，是要我们放下贪念、嗔恨和愚痴，并非要我们放下理想、愿望与追求。学习、生活、工作需要精进面对，同时从中发现问题，改正缺点，修正行为，这就是修行的本源啊。

勿空：嗯，执着会产生烦恼，可是一味地追求不执着，也会产生烦恼，感觉哪里不对啊？

无师：执着在哪里，便会局限在哪里。你执着于情，便会局限于情；你执着于金钱，便会局限于金钱；你执着于名利，便会局限于名利。同样地，你执着于“放下执着”这件事，便也会局限在“放下执着”这件事里。

勿空：啊？师父，最后这句我没太听懂。

无师：追求“放下执着”，本身也是一种执着。想要突破局限，要么放下执着，换个思路从更高的维度思考问题；要么继续执着于此，然后坦然接受由此而来的后果。不要因此再度产生烦恼，一切都是最好的安排。

一旦你想成为什么样的人，你的心便不再自由

勿空：师父，我想成为像您一样睿智的人。

无师：一旦你想成为什么样的人，你的心便不再自由，非但不可能实现，而且也没有一点意义。

勿空：啊？可是有了目标，才会有动力啊！

无师：你只想复制别人的光环和成就，那个人经历的痛苦和失败你并不希望学习，没错吧？

勿空：当然，没有谁愿意复制别人的失败啊！

无师：但你要知道，你羡慕的成功只是结果，是由背后不为人知的无数失败积累出来的，你不去复制那些失败和痛苦的因和缘，也就无法复制成功之果啊！

勿空：啊？我还真没这么想过。

无师：我们从小都在被寄期望“成为别人”，长大后，自己便也习惯于和别人比较。社会上每个人每天都在追逐着别人的影子生活。你有没有发现，这样的比较，对于离你近的人带来的反而是嫉妒甚至嗔恨，而与离你远的人攀比，也只能带来羡慕，造就自己的虚荣，对你的现实生活并无意义。感慨一番之后，回到现实，该怎样还怎样。

勿空：朋友比我有成就，的确会让我嫉妒，而差距太大的就只剩羡慕了。

无师：对啊，羡慕导致嫉妒，嫉妒便生嗔恨。

勿空：啊！原来羡慕、嫉妒、恨，是递进关系啊。

无师：不要做别人的影子，做你喜欢的事，与你喜欢的人在一起，就够了。每个人的生活都有自己的色彩，一旦你想成为别人，心便不再自由！

勿空：那我们修行的人一心想求解脱，难道也会失去心的自由吗？

无师：很棒的问题！如果你能够连一心求解脱的执着都可以放下，你才有可能获得内心真正的自由啊！

勿空：（沉思中）

执着于放下情绪，其实是在强化它

勿空：师父，我的念太多，控制不了。

无师：不要去想它，你越执着于放下某种情绪，这种情绪反而越会被强化。

勿空：啊？我们不是需要对治贪、嗔、痴、慢、疑这些情绪吗？照您这么说，还怎么对治啊？

无师：其实，你只要做到能够观察这些情绪的存在，就已经达到目的了。

勿空：我不太理解，您能举个例子吗？

无师：比如你希望放下贪念，你并不需要时刻提醒自己“发现贪念升起就要马上放下”。你执着地想要去掉贪念的这个念头本身，其实就是在不断强化贪念的出现，同时也会产生更多烦恼和焦虑。

勿空：那该怎么做呢？

无师：你只要做到当贪念出来的时候，发现它，并意识到“哦，这是我的贪念”，然后不去理会它就可以了。当你越来越能敏感地意识到贪念的存在，自然而然就会慢慢远离，如果目前还做不到，就顺应念头的流转，让一切自然发生。贪念本身没有错，问题出在你那颗被贪念轻易牵引的心。

怎样面对焦虑？

勿空：师父，什么是焦虑？您也焦虑过吗？

无师：焦虑是对事的不确定，对心的不了知。人人都有焦虑，谁也逃不开，只是程度不同。

勿空：我很多事不懂，让我很焦虑，可是您修行这么多年，也有焦虑吗？

无师：只要生而为人，都会有贪、嗔、痴，都会有七情六欲，没有一个人逃得过。有七情六欲便会产生焦虑，进而产生痛苦。珍惜但不执着，心里便没有痛苦。

勿空：如果大家都焦虑，那得道之人和我们凡夫又有什么区别呢？

无师：面对焦虑，我们凡夫会执着于此，不知如何是好，进退维谷，痛苦万分；而修行之人则知道，过去心不可得，不值得焦虑；现在心不可得，无法焦虑；未来心不可得，焦虑无意。于是，活在当下，随顺自然，放下执着，也就没有了痛苦……

勿空：师父，您说得简单，可真遇到事怎么才能放得下呢？

无师：这并不难，当你遇到困难或挫折时，首先看是否能解决，能解决就去解决，不用焦虑；如果解决不了，那么接受现实，也不用焦虑；又怎么放不下呢？

勿空：可如果既解决不了，又不愿意接受现实，那怎么办呢？

无师：焦虑的产生是由于人们担心事情没有办法按照自己的预期发展，于是预想了很多不好的结果……换句话说就是，用未来的不确定性，来确定地惩罚当下的心情。所以，想要避免焦虑，你就做好每一件当下你认为应该做的事，不对未来的结果产生过多预期就好。因为不论结局如何，你愿不愿意，都必须接受。

勿空：嗯，这就是您常说的，因上努力，果上随缘吧？

无师：是的，正确的发心加上做好当下的事，不仅可以解决你的焦虑问题，还可以提升得到善果的概率，与其花精力去焦虑未来，不如踏踏实实做好现在。

勿空：嗯嗯，向您学习。

心里的五只猴子

勿空：师父，我做什么事都没法静下心来，请问该怎么办呢？

无师：我们每个人心里都住着“五只猴子”，分别叫作贪、嗔、痴、慢、疑。你知道，猴子的习性就是躁动不安、上蹿下跳的，你在做事的时候，这五只猴子会时不时出来捣乱。

勿空：嗯嗯，是这样的，就连我打坐的时候也一样，想要去除杂念，反而杂念特别多，乱七八糟的什么都有。

无师：如果你一心想要对付这些猴子，那就像是在叫它们的名字，这样非但不会赶走它们，反而是让它们聚过来，喂它们香蕉，这就是在不断强化念头。

勿空：那该怎么办呢？

无师：你有没有这样的体验：在日常生活中，当你特别专注地去做一件事的时候，时间就过得非常快，其他杂七杂八的事全都顾不上了，甚至别人叫你你都听不见？

勿空：嗯嗯，是啊，我考试的时候就是这样，玩游戏的时候也是。

无师：嗯，远离这些猴子的方法就只有一个：专注。专注于做另一件事，不去理会它们，比如在你打坐的时候，心很容易散乱，这时候你可以试试专注于数你的呼吸，那些猴子就跑远了。

勿空：哦！以前师父教的数息法，原来是这个道理啊。

无师：是啊，专注于当下的一件事，达到心流状态，就能够体会到前所未有的能量和宁静，回去试试吧。

勿空：嗯嗯，谢谢师父，专注！专注！专注！我记住了。

学佛的目的，不是要成为佛教徒

勿空：师父，作为一个佛教徒，我感觉很自豪。

无师：没什么值得自豪的，我们跟其他人没区别。

勿空：啊！师父您怎么这么说呢？难道此生听闻佛法不应该感到很殊胜荣光吗？

无师：此生能够听闻佛法，依法修行，传播感悟，都是很好的事，但并不值得放在心上，也不值得炫耀，更不应该用这样的光环区隔众生。

勿空：可是，我觉得作为佛教徒能普度众生，真的很特别啊！

无师：这跟是否是佛教徒并没有关系，甚至有信仰的人和没有信仰的人也是无二无别的。我们学佛的目的不是成为佛教徒，作为佛教徒的我们也并不比其他众生优越。你如果认识不到这一点，便不会升起真正的慈悲心。

勿空：那真正的慈悲心又是什么呢？请师父指点！

无师：慈悲是没有你我高低之分的。之所以慈悲，是因为意识到自己和他人无二无别，所以同体大悲。你这样居高临下的慈悲，还是收起来为好。

勿空：啊？

无师：作为学佛之人，你可能非常虔诚精进，但如果你自认为脱离了俗世，与众不同，那么你便是戴着“佛教徒”这副面具在修行，你看到了吗？

勿空：啊，您这么一说，我才意识到。

无师：天地万物，无二无别，众生平等，这是佛陀的教诲。我们和山石鸟虫也都是平等的，不论何种信仰，甚至有没有信仰，都应尊重，你并不比他人更具智慧，我们真的都是凡夫……

勿空： 嗯，是，这应该是我傲慢的问题吧。

无师： 对，傲慢如果一直盘踞在心中，无论有心还是无意，都会溢于言表，产生许多过失与忧患。如果一群人都骄傲，就会相互瞧不起、看不惯，这样的人在一起相处就像同一笼中的刺猬，不但一事无成，还会彼此损害。修行时你要时刻体会自己有没有变得更加执着、更加分别、更加矜持、更加脆弱或者更加无情了呢？如果有，先改掉这些毛病。

勿空： 是，师父，弟子明白了。

为情所困

勿空：师父，为什么人会为情所困？

无师：那是他们对待感情的态度搞反了。

勿空：对待感情还能有什么相反的态度吗？

无师：对待感情，本应珍惜但不执着，但人们往往是执着却不珍惜。

勿空：什么意思？执着和珍惜不一样吗？

无师：珍惜一段感情是让我们对任何友情、爱情、亲情都心存感恩，因为跟你在一起、给你爱的任何人，他们本不必如此。

勿空：那为什么又说不执着呢？

无师：你看，一杯清水放的时间长了都会变质，更何况是人呢？所有事物都是无常的，没有谁有义务爱你一辈子，即使他们想，也有做不到的时候，比如父母的离世。所以，当感情不在的时候，不要执着于任何人的离开。

勿空：嗯，因为诸行无常，所以要心存感恩。

无师：对啊！然而很多人不懂这个道理，对待感情的心态往往是反的，不接受感情的变化，千方百计地想去抓住已经不在了的爱，对于身边的朋友、爱人、亲人百般挑剔、苛责，脾气都发给了最亲近的人。既不懂感恩，也毫不珍惜，最终事与愿违，怨天尤人。你看，这不是全反了吗？

勿空：啊！真是啊，人们的脾气都发给了孩子、朋友、爱人和家人，因为他们会认为对方不会远离，其实全都伤在对方的心里。

无师：修行之人面对感情应心存感恩，珍惜但不执着。

勿空：嗯，我记住了，谢谢师父指点。

放下不是放弃，一字之差，千里之遥

勿空：师父，大德们常说要放下，可什么都放下了，生活还有什么意义？

无师：看来你是把“放下”理解成了“放弃”了。放弃努力？放弃目标？放弃欲望？进而放弃生活？可不是这样的啊，这样消极的思想，是不会让你受益的。

勿空：嗯？不是这样吗？

无师：放下是指放下执念。我举个例子你就明白了：我们生活中由于各种因缘聚合，经常会遇到各种不顺心、不如意的事，小到爱恨情仇，大到战争瘟疫。当这些事情跟随因缘自然而然地来到你身边的时候，我们绝大多数人的反应就是抵触和抗拒，从而带来了无穷无尽的烦恼。

勿空：嗯，是，我一遇到不如意的事就开始烦躁、抱怨。

无师：这时候就要用到“放下”了。放下什么呢？放下这种对抗、抵触的执念，顺应生命自然的流动，接受现实，积极地找寻解决问题的方法，而不是要你放弃努力、自暴自弃、怨天尤人。这时反而需要保持积极正面的心态去面对生活，可别理解反了啊！

追求完美

勿空：师父，如何做才能收获更完美的自己？

无师：接受自己的缺陷，放过自己，就完美了。

勿空：啊？我以为您会说，不断精进修行，好好学习什么的。

无师：每个人都有对自己的不满之处，长相、性格、习性不可能十全十美，而且真正完美的意义是对自己的认可，而非来自他人的评价。所以，如果你内心一直把持着一颗试图用各种方法掩饰自己不足的心，那又怎么会完美呢？

勿空：还真是，就像每天出门必须化妆的女孩，没法接受素颜的自己……

无师：虽然用各种方法掩饰了缺点，但你内心却骗不了自己，对自己的种种不认可了然于心。我们修行，就是要学会看清及接纳自己，承认自己的不足，放下面子，修正思想和行为，不做表面文章，赶走潜意识里叫作“自卑”的小怪兽。

勿空：嗯，追求完美不是做表面文章，而是要克服内心的自卑，然后再不断精进学习，对吧？

无师：是啊，当你接纳了不完美的自己，一切才开始变得完美啊。

请问，有什么亏可以吃吗？

勿空：师父，从小我妈就教育我，不能吃亏，可我总觉得哪不对劲儿？

无师：嗯，我问你，什么叫吃亏？

勿空：比如，半年前我借给“朋友”500块钱，结果那个人始终不还钱。

无师：那你通过这件事，学到了什么呢？

勿空：除了认清这个所谓的“朋友”的真实面目外没啥收获。

无师：你看，你用了几张“纸”，收获了“社会经验”，看清了这位“朋友”，体验到了自己面对金钱的“执着”，继而获得了人生体验和新的认知，你觉得这就是“亏”了吗？反而是对方失去更多，因为几张“纸”，失去了“友谊”、失去了“信任”，他才“亏”吧？

勿空：那倒也是，那您说什么叫吃亏呢？

无师：人们所谓的“吃亏”都是在拿自己的付出和收获做比较，包括金钱、情感，等等。当你抱持着比较的心态去付出时，这个所谓“吃亏”就如影随形了。这种比较不存在绝对的“平衡”，最终，你不是“吃了亏”就是“占了便宜”，难道要其他人都“吃亏”而只有你“占了便宜”，你认为才是合情合理的吗？

勿空：啊！那该怎么面对付出和回报的不平衡呢？

无师：付出就单纯付出，做自己认为正确的或者该做的事，不要事事预期任何对等的回报。你要知道，名誉、地位、金钱、爱情，这些原本都是你从这个世界获取的，早晚都得还给这个世界，你什么也拿不走，又“亏”在哪里呢？如果时时刻刻计较得失，你会发现所有一切都在束缚着你，而如果你放开得失的念头，你会发现一切都充满无限的可能。

勿空：嗯，看来是我的心太小了。

无师：心小了，事就大了；心大了，事就小了。终有一天，你会和所有人达成和解。

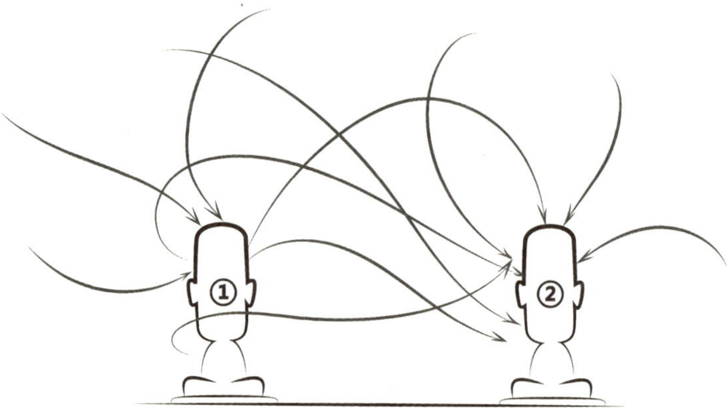

幸福这只蝴蝶

勿空：修行之人追求开悟，可普通人只希望生活幸福，有矛盾吗？

无师：追求幸福和追求开悟很相似，它们都像蝴蝶。

勿空：这怎么会相似？完全不同啊！怎么像蝴蝶呢？

无师：幸福和开悟都像蝴蝶，它们在你前面飞舞，非常美丽，你追逐它们，却总是抓不住。而当你静静坐下，它们却依然在你身边飞舞，甚至偶尔会落在你的指尖。

勿空：师父，您是说，幸福和开悟都不需要去追逐吗？

无师：它们只有在你不刻意追求的时候才会出现，幸福如此，开悟也是如此。当你最终连追求开悟这个执念也放下了的时候，它们才会真的出现啊。

勿空：啊！

无师：放下就是得到。

勿空：我明白了……谢谢师父。

有些事我本想拒绝，但又不好意思，该怎么办？

勿空：师父，有些事我本想拒绝，但又不好意思，该怎么办？

无师：直接说就好了！

勿空：可是咱不是讲慈悲为怀吗？别人有求于我，我不是应该伸出援手，不能拒绝吗？

无师：我们本要去除的就是这些杂念，心里想着A，你偏说B，哪来的这么多分别？并不是说不可以拒绝，一味地迎合，别人说什么都好、都可以，自己心里明明不乐意，还要装出没关系的样子，为师觉得不可取啊。

勿空：可是我拒绝别人总觉得不好意思，咋办？

无师：拒绝别人没有你想的那么复杂，但如果你不直截了当地拒绝，就把简单的事变复杂了。最好的方法就是随心而述，你心里怎么想的就怎么说好了，别装！

勿空：这么直白是不是会给别人留下不好的印象？

无师：这就是真正的我执。首先，人家在问你的时候，其实已经做好了被拒绝的心理准备，你大可不必自作多情。其次，拒绝并不需要理由，不用过多解释什么，不要掉进自己设的陷阱。再次，如果你本身不愿意，但又不明确拒绝，让他留有希望，这才是对对方最大的伤害。

勿空：啊！是哈，自己给自己找麻烦，也会他人误解，那对方总磨叽怎么办？

无师：那就再加上第四条：在你说“不”之前，告诉对方：“是的，我不接受”“是的，不可以”“是的，我不想去，谢谢”，强化你的立场！

勿空：还可以这样啊，学到了！

无师：好，那今天我们就聊这么多，你去把院子扫了！

勿空：不！我不去！

无师：勿空，别跑……你给我回来……

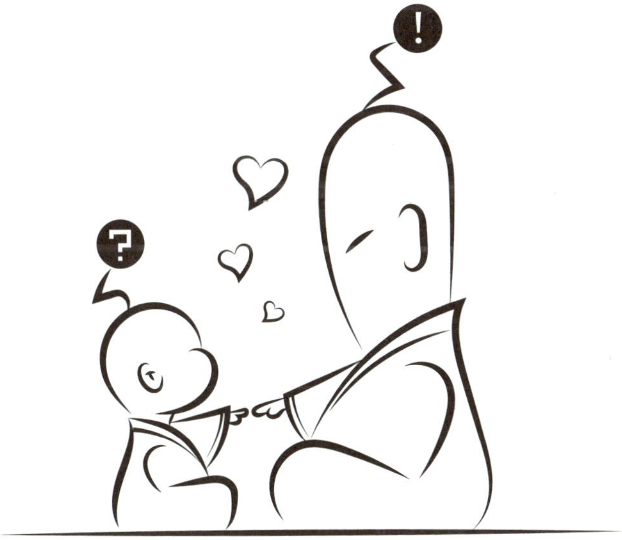

生命里只有这些东西会留下来

勿空：师父，我的好朋友昨晚去世了，我很难过。

无师：死亡，是我们这一生的终点。人们会用尽一生的时间，去为迎接它而做好准备，然而，它还是在不经意间，与你不期而遇，甚至撞个满怀……

勿空：嗯，很突然一下，就离得这么近了。

无师：我们活着的人，对死并没有真正的发言权，不论你信仰什么，用什么样的逻辑去理解。是天堂也好，是极乐也好，抑或是简单的回归自然也罢，人们总是试图为在世间时时刻刻体会到的不安全感找一个归宿，以期待可以减少面对它时的恐惧。

勿空：是啊，离开了，什么都留不下，的确会产生恐惧。

无师：我们这一生里得到的所有东西都留不下，反而是给予了他人的都留下了，比如经验、智慧和爱。当你站在生命的终点反观一生时，你会发现，毕生追求的很多东西都失去了意义，唯有爱和智慧能够传递给他人，继续留存。

勿空：哎，是啊，多少人为了这些带不走的东西，耗费了一生的时间。

无师：不过，这也不能说是浪费，生命本来就是一场体验。我们生活的目的，本来也不是为了带走什么或者是留下什么。很多事或情如果从来就没有拿起过，放下也就变成一纸空谈了。凡事要经历，才会有所体验。

勿空：嗯，经历过了才会有更深的感受。

无师：所以不用为自己曾经的拥有或失去感到遗憾，你经历的一切都有它的价值，不断去追求成长就好了。如果每天没有新的收获，只是一味地在不断重复的情绪中度过，那么，虽然机体暂时还没有离开，但心已经死在了生活里……

勿空：嗯，我明白了，谢谢师父。

与皱纹和解

勿空：师父，我发现所有人都担心自己变老。

无师：哈哈，没有吧，只有年轻人才担心变老。担心那些必然会发生的事，只能是自寻烦恼啊。

勿空：那您不担心变老吗？

无师：我跟皱纹和白发早就达成了和解，它们不是我的敌人，是我的朋友，是帮我记忆人生故事的朋友，你要想尽办法把朋友从脸上请走吗？那是没用的，它们早就在你心里住下了。

勿空：那为什么美容行业那么发达？大家都去美容，想让自己变得年轻？

无师：真正让你看上去活力四射的，不是你的样子，而是你的心态。但在现实生活中，到处是焦虑的影子，培养阳光的心态非常难，于是大家都想用简单的方法“欺骗他人的眼睛”做“表面”功夫。

勿空：嗯，但没法欺骗自己，是吧？

无师：是的。这些皱纹和白发，记载着生活中的一道道坎和一个个人。我们不需要把他们扯平染黑，那些都是我们这一生的故事，是我们对生活的致敬。真实地面对自己、面对生活，才是岁月正确的打开方式。

勿空：这跟我们修行的心态很像啊。

无师：是啊，真实面对自己，真实面对生活，发现生活中点点滴滴的禅意，修正思想，修正行为，就是我们每时每刻需要做的了。

勿空：嗯嗯，谢谢师父，弟子明白了。

六月主题：生命与生活

荷月的暖阳

这个身体我租了 80 年

勿空：师父，您天天锻炼身体，不累吗？

无师：那必需的，这个身体是我向这个世界租的，保养得好能多用几年。

勿空：啊？租的？那就是要还的喽？

无师：是啊，使用期 70 ～ 80 年，用得好还会不定期续租；用得不好，自己瞎折腾，租到一半时间人家可能就不租给你了。

勿空：哈哈，这个比喻很形象。

无师：身体是我们用来感知和体会这个世界的工具。生而为人，就好好利用它能带给我们的价值。但别忘了，这是有租期的，到期是要还给这个世界的。如果人家提前通知你要还，那就好借好还，提前做好准备，别还的时候舍不得。

勿空：啊！惭愧，我咋从来没想过有“租期”这件事呢？

无师：你年轻呗，觉得租期还长。大家都是突然发现租期过半，或者发现可能要提前还，才开始重视。不过不管租期有多长，早晚都要还，所以趁着还没到期，好好学习，好好利用，好好感悟，好好保养。余生很贵，容不得浪费，一起加油吧。

你笑起来真好看

勿空：师父，我虽然道理都懂，可是还是很难过好每一天……

无师：我们听闻和思考都只是完成了一部分功课而已，如果不用所学去实践，早晚你会把所学还给师父。

勿空：可是，那太难了……随时随地都可能生出烦恼。

无师：生出烦恼很自然，意识到就好了，然后争取在烦恼出现的当下把它控制好，慢慢地养成习惯。

勿空：可我就是觉得放下烦恼太难了，总是有很多烦心事。

无师：我给你个小窍门吧——微笑！几乎没有什么矛盾是不能用微笑解决的。

勿空：烦的时候怎么笑得出来啊？

无师：一个微笑胜过任何言教。你现在放下手机去卫生间，看着镜子中的自己，给自己一个微笑，去体验一下它的感染力……回来告诉我你的感受。

修行，就是修正思想和行为的过程

勿空： 师父，听了这么多道理，我心里每天还是乱乱的，不知道如何是好。

无师： 嗯，你有烦恼、有痛苦，才需要修行。

勿空： 可是怎么修行啊？我觉得好难，摸不着头绪，着急。

无师： 修行就是修正你思想、见解、言语、行为上的错误，把法当作镜子，对照自己。发现自己想错了、说错了、做错了，就开悟，进而改正错误就是修行了。去生活、去犯错、去跌倒、去体会……

勿空： 呃？原来犯错并不可怕，反而正是修行的契机啊。

无师： 对。在生活里不断发现问题、解决问题、纠正思想、改正错误，每天进步一点点就很好。如果哪一天，你发现遇到的所有问题里99%都是你自己的问题，而且能够调服内心，对治烦恼，那个时候你就真正开始修行了。

勿空： 啊？像您说的这样，我应该已经修行到很高境界了吧？为什么说那时候才刚刚开始修行呢？如果这样的话，那真正的修行到底是什么呢？

无师： 嗯，真正修行，就是让自己明白，剩下的1%也是自身问题的过程了。

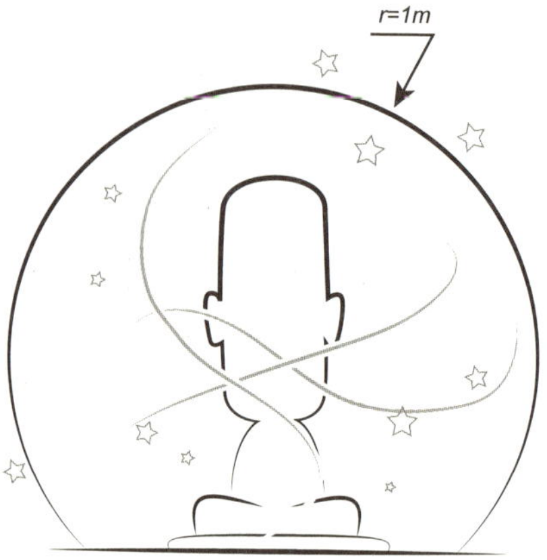

每天很忙，没时间修行怎么办？

勿空：师父，我每天事情很多，都没有时间修行，很苦恼，请问我该怎么办？

无师：嗯，那你说说，每天都忙些什么呢？

勿空：我要学习、工作，处理各种事情，见各种人，谈各种事……

无师：那你所说的修行，又是什么呢？

勿空：做功课啊，打坐啊，念经啊，磕大头啊，持咒啊……每天忙死了，都没时间做这些。

无师：如果我告诉你，修行是无处不在的，你随时随地都在修行，每一分每一秒都在修行，你相信吗？

勿空：这……怎么会？

无师：在生活里，解决每一个遇到的问题就是修行，平复每一件让你烦恼的念头就是修行，化解每一次情绪的旋风就是修行，克服每一次恐惧来袭就是修行，每一个产生的念头都是修行的道场，让所有的人都感受不到，自然地流动，自然地改变，这就是真正的修行了。

勿空：啊！师父，修行还有这一层意思啊？那怎么才算是好的修行啊？

无师：勿空，如果你能让每个靠近你的人都很舒服，包括你自己，这就是好的修行了。

勿空：师父，您的观点真的让我很舒服……

无师：有时我们很刻意地帮助他人，其实那个意念就已经干扰到他了。你用自己的主观的意念去影响他人，对方也许会承受很大的压力。自然地做事，让别人靠近你的时候自然地改变，自然地喜悦，这就是你每天要做的功课了……刚开始是很难的哦。

勿空：谢谢师父，我要时刻提醒自己，每天忙碌的时候其实随处都是道场，随时都在修行！

自由、自律、自驱动

勿空： 师父，生活总是日复一日地重复，让我很无奈。要怎样才能过上不一样的生活呢？

无师： 如果你只是重复做和昨天一样的事，那就只能过和昨天一样的日子。如果你不主动寻求创新，每天都只做别人给你安排好的事，这样当然很简单，但最终也只能让他人过上他们想要的日子。久而久之你会发现，日子其实并不属于你。

勿空： 可是在社会上生活，身不由己啊！

无师： 是吗？每个人都属于你自己，生而自由，谁都没有剥夺你自主选择前路的权利，即使加入组织、集体，谋求共同发展，也不要因此失去了你自己的驱动力。想要过不一样的生活，那么每天就要做不一样的事，自己驱动自己。

勿空： 嗯，这就是所谓的自驱动型人格，是吧？

无师： 对啊，世界很大，人生很短，生活是你独一无二的创造，我们本来都是原创，可别活成了盗版。

勿空： 这些道理我也都懂，可还是觉得没什么长进。

无师： 自驱动是非常自律的一件事，绝大多数人做不到的原因只有一个，就是“懒”，懒得思考、懒得行动、懒得改变。

勿空： 呃，师父您太了解我了，那我该怎么办呢？

无师： 这和修行是一样的，一步登天没人可以做到。自由 + 自律 + 自驱动，是你一生都要去体会的事。什么时候重启都不晚，你只要每天要求自己多学一点智慧、减掉一点贪念、去除一点嗔恨，从日常的点点滴滴做起，日积月累，必然改变。

勿空： 嗯嗯，我记住了，谢谢师父指点。

幸福的加减法

勿空：师父，怎样才能获得快乐和幸福？

无师：每天做做加减法。

勿空：啥？

无师：修行是一辈子的事，快乐和幸福的生活指的是整个过程，而不是结果，并没有哪个快乐和幸福的结果可以去“获得”，它们就在日常的点滴生活中。

勿空：啊！那您说的加减法是啥？

无师：每天做做加减法的练习，让贪念 –1、嗔恨 –1、愚痴 –1，智慧 +1、慈悲 +1、感恩 +1，这就足够了。如果你每天都能坚持做，整个生命历程便会喜乐沁心。

勿空：啊，谢谢师父，我以前总是想急于求成，得个满分。

无师：人生没有标准答案，每一份答卷都是独一无二的，哪有满分可得？

勿空：是，但是一看到自己活得不如别人，总会不甘心。

无师：不用跟他人比，这一世都只活一次，谁都没有“经验”。

勿空：嗯，我懂了，谢谢师父指点。

悲时不语，怒时不争，喜时不诺

勿空：师父，在生活中如何避免和他人的冲突矛盾呢？

无师：与他人的冲突大多来自你自己的言语，想要避免，要做到悲时不语，怒时不争，喜时不诺。

勿空：这是什么意思呢？

无师：在你悲伤难过的时候，你的言语都是负面的伤害，即使是最好的朋友，也不愿意当你言语上的垃圾桶。痛苦难过时，找人倾诉虽然能够缓解，但最好能做到自我疗愈。当你愤怒时，头脑发热，逻辑会变得混乱，这个时候跟人去争辩，讲的大多是歪理，导致后面一系列错误。所以想要争辩，请保持冷静。

勿空：冲动是魔鬼！

无师：当你开心兴奋的时候，会忘乎所以，往往喜欢不计后果地瞎承诺，过不了多久就会后悔。所以你知道为什么很多人谈事情喜欢在酒桌上谈了吧？

勿空：哈哈，喝高了，失去理智，喜欢承诺。

无师：对！总之，在生活中要时刻保持冷静，处于极端情绪当中应谨言慎行。

勿空：好的，谢谢师父指点，我又学了一招。

生活的迷宫

勿空：师父，生活到底应该怎么过才是对的，我觉得很迷茫。

无师：你玩过迷宫吗？应该怎么玩？

勿空：玩过，先从起点出发，走到差不多一半时，再从终点往回找路，最后两边的路碰到一起就成功了。

无师：非常棒，这就像我们的人生，前半生找入口，后半生找出口。不过两者间最大的不同是什么，你有没有发现？

勿空：玩迷宫能看清全局，而生活不能！

无师：对啊，玩迷宫的时候，你是升了一个维度在看问题，非常清楚目标和方向，花的只是耐心，多走几次总会成功。但生活可就不是在纸上玩迷宫了，而是真实的迷宫。

勿空：嗯，是啊，在真实的迷宫里，完全不知道出口在哪里，应该怎么玩呢？

无师：在真实而复杂的迷宫里，有两种方法保证你可以走出来：第一种比较累，是坚持简单原则，比如永远右转；另一种方法是，时刻标记已经走过的弯路。你体会到什么了吗？

勿空：嗯，虽然第一种方式看起来比较笨，需要花费超多的精力，但毕竟能够成功。第二种是必需的，可以避免重复的错误。

无师：你看，迷茫的人就像被困在迷宫里，虽然不知道前路如何，但都可以通过这样的三个工具抵达出口：首先要提升认知维度，明确地知道出口目标在哪里；其次，不论遇到什么阻碍，从始至终坚持原则；最后，随时记录走过的路，复盘经验，少犯错误。掌握了这三个方法，必定会走到出口。

勿空：嗯，的确是，升维认知，坚持原则，不断复盘。

别担心，你永远都离不开这个世界

勿空：师父，我一想到有一天会离开这个世界，心里就有一种凄凉。

无师：别担心，你永远都离不开这个世界。

勿空：啊？您这什么逻辑？

无师：我们生活的这个世界，能量是守恒的，几乎没有任何物质可以真正“离开”。人死了以后不是“什么都没了”，而是最终都会以元素的形式回归到土地、水、空气当中，植物、动物会因这些物质的滋养而生长，周而复始……

勿空：哈，您这个观点倒是很奇特呢，那现在的“我”又是怎么来的呢？

无师：组成“我”的元素来自父母的基因，也来自他们吃过的食物，喝过的水，呼吸过的空气。“我们”以前曾经是山、是河、是风也未可知，“我”这个概念与这个世界本身无二无别！死亡这件事，不过是你和整个世界一次重新的组合而已……你永远都离不开这个世界！

勿空：您这么一说，我对死亡的恐惧几乎都消失了。

无师：这个世界很有趣，换个角度思考，会有不一样的收获。

生命中唯一的问题

勿空：师父，世间的各种痛苦和烦恼，有没有统一的规律可循呢？

无师：有的，不过，你为什么会有这样的问题呢？

勿空：我在想，如果所有痛苦都有统一的规律，那我们不是更容易找到方法对治吗？

无师：嗯，很好，感恩随喜你的问题。所说八苦，是大的分类，但是如果你仔细分析，不难发现，生、老、病、死、求不得、爱别离、怨憎会以及五蕴炽盛这八苦，都有一个共同的特点。

勿空：啊？什么特点？我真没看出来。

无师：这八苦中除了“生”这件事我们没法选择，其他的所有痛苦都离不开这一个问题，那就是——事情没有按照你期望的那样发生。

勿空：哦？我想想……按照您的说法，痛苦就来自不希望老、病、死，但是没得选；不希望爱别离，但是不得已；希望一切平和喜乐，但往往怨憎会。可以这样理解吗？

无师：对啊，你很聪明。还有这五蕴炽盛，前面七苦，也都源于此。你看，所有一切烦恼、痛苦都来自我们内心的期待与事实结果的不同。之所以这样，原因也很简单，因为世事无常，一切都在变化当中，没有什么是永恒不灭的。这样理解是不是很清楚了？

勿空：嗯嗯，很简单清晰，原来一切苦都是因为生活没有按照我们希望的样子发生。那我们知道原因了，有没有什么方法去解决掉这个问题，让人不再痛苦呢？

无师：有啊！知道了问题的根源，那就很好解决了，你只要做到因上努力，果上随缘就好啦。在生活中保持正念的期待，积极面对。然后不论遇到什么样的境遇变迁，永远接受现实，继续前行。如此循环，你的生活就不会再有阴霾。

勿空：啊！原来“因上努力，果上随缘”这句话还有这么深的意义啊！听您这样一说，感觉天都更晴朗了。哈哈，谢谢师父。

得了癌症之后的心态

勿空：师父，几年前您不是得过癌症吗？您是怎么治好的？

无师：我并没有得癌症啊，癌症只是医生说的，我并没有把癌症从医院带回家。

勿空：啊？这也行？

无师：你有没有听说，本来好好的人，被告知得了癌症后很快就走了？

勿空：嗯，有听说过，您的意思是这主要是心理作用？

无师：有影响，但也不完全是。你要知道，我们每个人身体里都有癌细胞的存在，我只是给我身体里的癌细胞讲了个很简单的道理，让它们别伤害我而已。

勿空：啊？您怎么跟它们沟通的？

无师：我跟癌细胞说："这个身体我在用，如果你们也想用这个身体，那就一起用。不过我也要提醒你们，你们要好好用，别捣乱，别把这个身体给搞死了。如果搞死了，你们也就都死了，懂了吗？"

勿空：哈哈，它们能明白吗？

无师：现在看来，它们是听懂了。

导演，今天你想怎么拍？

勿空：师父，请问怎样每天保持好心情？

无师：这要看你想拍什么样的类型片。

勿空：拍片？我又不是导演！

无师：你既是导演，又是编剧，还是演员，而且是主角。

勿空：啊？师父您这是什么意思？

无师：你每天所面对的那些烦恼、困惑、矛盾、猜忌、痛苦不过是你自己导演的剧情，事情还没有发生就被你写进了剧本，反之亦然。

勿空：这怎么理解啊？

无师：如果你的主题是猜忌，那么不论你遇到什么再正常不过的事，你都会把它演绎成一出精心策划的悬疑剧。你总觉得他人处处针对自己，走不出狭隘、自私的影子，从而导致自己的生活暗淡无光。

勿空：哦？您是说大多数情绪都是人们自导自演的？

无师：是啊，如果你的电影是善良、包容、慈爱的主题，你的生命便充满了阳光。当遇到问题和矛盾时，首先会从自身找原因，那些所谓的他人的过错，便会消失在你的胸怀中，很多问题便迎刃而解。

勿空：有点意思。

无师：每个人心里都有一间电影院，自己设计剧情，自己主演，周围所有人都是你故事里的配角。一切你遇到的外境，都是你内心的剧本，有什么样的起心动念，便会拥有什么样的世界。

勿空：嗯，是。

无师：修行就是修心，常存善念，便是晴天。

别担心，你怎么活都没错

勿空：师父，我希望事业成功、生活美满、情绪饱满，可是总是做不到，该怎么办？请您赐我些智慧吧！

无师：你不是已经拥有了挫折、失望、问题和困难吗？

勿空：是，让您说中了，我不想要这些，我想要成功、希望和智慧。

无师：可这些就是成功和智慧的基础，你走过了挫折便会拥有成功，走出了黑暗便会迎来光明，解决了问题便会获得智慧。

勿空：啊！

无师：凡事，陷进去是痛苦，走出来便解脱。有烦恼才有机会见菩提，不用希求别人给你智慧，只需脚踏实地解决问题。智慧嘛，你本就拥有。这一世，人人都只来过一次，谁也没有比谁更有经验。每个人都有自己的体验和活法，与其崇拜他人，不如自我成长。别担心，你怎么活都没错，勇敢去做吧！

勿空：谢谢师父！

生命的长度

勿空：师父啊，人的生命长度有多少年呢？

无师：如果你什么都留不下来，那就是150年。

勿空：哈哈，您别逗我了，那为什么人的平均寿命只有150年的一半？

无师：因为人不懂得节制。

勿空：什么意思？

无师：本来咱们出厂设置都有150岁，结果用的时候，不断让贪、嗔、痴绑架，暴饮暴食、纵情纵欲、逞强好胜、尔虞我诈、胡作非为；时而愤世嫉俗，时而怒火中烧……不断地在生理上和心理上折损福报，再精密的设备也禁不住这么瞎折腾，最后跑一半就抛锚了，你想想是不是这个道理？

勿空：啊？是啊，这么折腾身体肯定没好处，那怎么还人人如此呢？

无师：因为这种影响非常不易察觉，人们只图眼前的舒爽，不计后果。

勿空：嗯，那这150年用完了，还能留下什么呢？

无师：我们是由肉身＋思想（你也可以把它理解为灵魂）组成的，人死后身体留不住，但是闪亮的思想可以，所以人们才会利用各种形式，把自己的思想留下来，比如写作、绘画、音乐、影像、数字环境再造以及科学家们创造出来的各种专业知识和原理，等等。这样即使你的身体化成了灰，闪亮的思想还会一直被留存和传承，就像释迦牟尼，他的思想已经传承了2500多年了，而且还在不断延续……

勿空：哦，这样也算是永生了哦。

无师：是啊，用有限的生命长度，创造无限的生命价值。

每晚睡前的期待

勿空：师父，您为什么每天起那么早，而我却每天都想睡懒觉？

无师：因为我每天晚上睡觉前都充满期待。

勿空：嗯？？睡觉能期待个啥？

无师：期待第二天黎明后的重生！

勿空：什么？我没听错吧？您不就睡了个觉而已吗？怎么就重生了？

无师：呵呵，我先问你个问题：是什么组成了你的人生？

勿空：嗯，说不好哎，是什么呢？

无师：是那些你读过的书，看过的电影，听过的音乐，遇到过的人，路过的风景，经历过的事，思考过的问题组成了你的人生。而每一天你都有全新的机会去体会这些。

勿空：嗯，是哦。

无师：我们每天体验了这一切，身体累了，思想也累了，在夜晚用睡眠的时间让这些感受融汇在意识里。经过一夜的充电，第二天早上起来迎接全新的世界，再次遇见全新的自己，这不好吗？

不抱怨，不将就，有自由，有光芒……

勿空：师父，人为什么经常会希望换圈子、换工作、换车子、换伴侣？

无师：因为无力改变自己，于是寄期望于改变身边看起来容易改变的东西，从而让自己的生活，看起来变得不一样……

勿空：那这样真的有用吗？

无师：起初还是有一些作用的，但是没办法产生持久的影响。一段时间后，就会发现再次陷入了同样的循环……

勿空：嗯，那这是为什么呢？

无师：这只是借由外界的改变掩盖内心对自己的否定而已。我们修行是学习改变自己，而不是改变环境。执着于外境，反而丢掉了内心的平静与慈悲。

勿空：那要怎么做呢？

无师：不断精进前行，从改变自己开始。当你学会了包容他人时，你自然就改善了关系；当你学会了让内心谦和宁静，你自然会变得端庄大方；当你学会了适应环境时，你自然就做到了改变世界。即使你不改变任何外境，每一天也都是全新的，好好利用每一天全新的自己，不抱怨，不将就，有自由，有光芒……

佛法就是活法，不需要学会，只需要体会

勿空：师父，佛法太深奥了，学不会啊！

无师：佛法不需要学会，只需要体会。

勿空：可是，我连经文都读不懂，又怎么去体会呢？

无师：经文只是辅助你体悟佛法智慧的工具，如果你已经学到了精髓，经文就可以放下了。

勿空：佛法除了可以在经文里找到，还能在哪里找到呢？

无师：佛法就是活法，它不在经书的文字里，也不在寺庙的佛像中，就在我们身边，在我们每一个生活的细节里。吃、穿、住、行无不体现佛法；一言一行、一呼一吸，无不浸润佛法……

勿空：可是我在生活中体会到的都是焦虑和烦恼啊。

无师：那正是你开启智慧解决问题的契机。不要逃避，直面烦恼，找到答案，佛法就在那里等着你。

勿空：嗯，我这就去找……谢谢师父。

为什么道理我都懂，但还是过不好这一生？

勿空：师父，为什么道理我都懂，但还是处理不好事情，遇到事依然没法控制自己？

无师：你平常有喜欢看的体育比赛吗？

勿空：我喜欢看足球比赛，不过这跟我的问题有关吗？

无师：足球比赛的规则你都懂吗？

勿空：那是必需的啊，不懂不是在瞎看吗？

无师：既然规则你都懂，你上场也一样能踢得很好喽？

勿空：这还真不行，我体力、耐力、技巧跟人家专业的没法比啊。

无师：对啊，这跟修行也一样，光懂道理没用，你得下场练啊！要想游刃有余地利用所学解决你生活中的烦恼，这心灵的训练你得不断去做啊！你问我为什么过不好，那还不是因为你缺乏锻炼啊！

勿空：啊！原来是这样啊。真是的，我一直觉得懂了道理自然就会做了。

无师：如果那么简单，那还要修行干什么，只要闻思就可以了。我们需要通过实修去解决在生活中不断出现的烦恼，让我们的精神不断接受锻炼，久而久之才会养成正念正行的习气，才能改变命运啊。

勿空：哎！这么简单的道理，我咋就没意识到呢？如梦初醒啊。

你的上师就是生活本身

勿空：师父，您太有智慧了，我要请您做我的上师，永远追随您！

无师：打住！这样的话，你永远都不会开悟了。

勿空：啊？什么？您为什么这么说呢？

无师：我并不是一个开悟解脱之人，依然有七情六欲，也还有贪、嗔、痴，所以依然在修行。你追随一个并未悟道之人，怎么能开悟呢？

勿空：这个……可是……那我该怎么办呢？哪里会有那样的人呢？

无师：那个人在你心里啊！你的上师就是生活本身，一旦追随某个人，就不再追随真理了……

勿空：啊？这怎么理解啊？

无师：这世上除了骗子以外，没有谁是全然了脱的。全然地跟随，最多成为上师的副本。学习他人的思考方法要比学习他人的思考结果更重要。即使是世尊现前，也只是教你方法，最终开悟的依然是你自己。

勿空：嗯，我理解了，真正的智慧来自生活的方方面面，而不是某个人，对吧？

无师：师父我和你其实都是生活的学生，我们本身就是同学啊！

勿空：哈哈，谢谢师父同学指点！

人，用所犯的错误，创造出了一个叫作“命运”的怪兽

勿空：师父，命运是什么？能改吗？

无师：人们将生命中所犯的所有错误聚集到一起，创造出了一个叫作“命运”的怪兽。

勿空：命运不是外界带来的吗？您怎么说是“创造”的呢？

无师：大家认为的“命运”无非是指“由复杂的不可控因素，造成的不可预知的事件”。

勿空：嗯，是这个意思，不可控，不可预知，怎么会是“创造”的呢？

无师：绝大多数事情的发生，看似“偶然”“不可控”，其实都有“必然”和“规律”。

勿空：那这“规律”又是什么呢？

无师：就是你的心念。你的心念决定了你的思考方法，从而决定了你的习性，习性决定了你的行为，行为产生影响，从而导致结果。所以，所谓“命运”其实是你自证预言的过程。

勿空：啊！您是说，我的心念最终导致了我的“命运”？

无师：是的。你相信什么，就会有什么样的习性，于是产生相应的行为，影响周边的因果链条，得到相应的结果，这就是“命运”。你内心有一颗阳光、善良的“种子”，“命运”就会带给你雨露；你内心充满自卑和哀怨，“命运”也一样会满足你的“悲凉”。

勿空：啊！

无师：“命运”始终都会带给你内心“想要”的。想要改变命运，就先去改变习惯；想要改变习惯，就去改变自己的心性。只要拥有一颗正直、善良、阳光的内心，一切都会迎刃而解。越努力，越幸运！

战胜压力的四个步骤

勿空：师父，压力到底是个啥玩意儿，每天让我可闹心了。

无师：哈哈，压力看不见摸不着，可大可小，有时塞得满屋，有时又烟消云散，虽然它偶尔会迟到，但从不缺席。

勿空：嗯嗯，就是这么个东西，到底是个啥呢？

无师：其实，并没有“压力”这个东西，就像时间一样，只是人们创造出来的一个虚拟概念。

勿空：可是，我时时刻刻能真真切切感觉到压力啊！

无师：压力其实就是周围环境投射到你内心的阴影。当你的欲望或他人的期望超过你现有的能力时，就变成了压力，超过越多压力越大。

勿空：那压力是好的还是不好的？该怎么面对呢？

无师：首先，压力这玩意是只针对你自己的，在你看来压力极大的事，在他人眼里或许完全无感。压力有两种不同的解决路径：如果压力被你扛住了，问题被你解决了，你将获得成长；但如果并没有解决问题，压力只是被你通过情绪释放、排解掉了，这就会造成后面一连串的负面影响。

勿空：所以，我们应该……

无师：用这四个方法解决压力问题：首先，审视自己的发心，不做仅仅满足自己贪欲的超额期望，杜绝过度压力的源头；其次，学会拒绝，拒绝那些非必要而且自己力所不能及的需求；再次，面对需要且必要，自利利他发心的诉求，找出方法解决问题；最后，永远不要用情绪代替理智处理问题。如此这般，才能杜绝不必要的压力，把必要的压力转化成动力，获得成长，结下善缘。

勿空：嗯嗯，谢谢师父指点，很全面了，我记住了。

生活与修行

勿空：师父，生活和修行怎样才能做到和谐共处？

无师：生活本身就是修行，和谐共处又从何谈起呢？

勿空：不是啊，师父，生活里都是柴米油盐、七情六欲，修行的时候清心寡欲、吃斋念佛，这怎么会一样呢？我就是把握不好尺度，所以不仅自己混乱，还给他人造成困扰。

无师：你所谓的生活中的自己和修行中的自己，哪个是你？两者有什么区别呢？

勿空：呃……都是我自己……

无师：那么，哪来的区隔？

勿空：啊？这……

无师：修行就是在生活的方方面面，随时随地发现问题、修正行为的过程，你人为地界定了生活和修行的区隔，这不是很愚痴吗？难道说生活的时候不需要修行？还是修行的时候不需要生活？

勿空：啊？跟我想的完全不一样啊，可我又无言以对。

无师：生活中的每一件具体的事，不论是跑步、看书、工作，还是写作、交流，只要你全神贯注、一心一意地专注去做，都会进入心流的状态，感觉时间过得飞快，全部身心都会体验到喜乐，这跟我们打坐的时候，凝神静气的作用是一样的。而且，我们在生活中会遇到各种各样千奇百怪的问题，用智慧去分析原因，用正念改变想法，然后修正行为，这不就是修行吗？

勿空：嗯，那生活中遇到那些烦躁、焦虑的时候呢？

无师：所有的焦虑都来自你对未来不确定性的担忧，但是你仔细回忆一下，你之前所有的担忧是不是绝大多数都不会发生？其实，你只要足够专注于当下的事，焦虑自然会远离。

勿空：嗯，原来是这样啊。

无师：修行与日常生活没有半点区隔，体会到这一点，你会有巨大的进步。

七月主题：愚痴与智慧

新秋的蝉鸣

和你争执的那个人，代表着你的无明

勿空：师父，这么多年，我完全没见过您和别人争执，您是怎么做到的？

无师：相同的观点不用争执，不同的观点值得学习。和你争执的那个人，代表着你的无明。

勿空：哦？前半句我理解，后边这个怎么说？

无师：人很难做到对他人的观点完全认同。世尊在世时，也有人反对他，何况是我们？遇到不同的观点，你的言行代表着你的修为。能够跟你一起争执的，是在同一高度的观点，否则根本争执不起来。何况，大多数争执吵的都是态度，并非观点本身。

勿空：可是，道理不是越辩越明吗？

无师：是的，不带有感情色彩的讨论可以使我们快速成长，但绝大多数人做不到。很多学习多年的人早已放下了世俗的攀比，但却唯独把持着法的攀比不放，一遇到学习上面的分歧，首先想到的只是如何反驳对方，在菩萨面前谦卑恭敬地低下头，转过身来却将头对周围的人高高扬起。

勿空：那面对不同观点，我们怎么做才合适呢？

无师：忽略偏见、接纳正知、反思自我。

有这六个词，这辈子够用了

勿空：师父，有没有什么简单的原则能够指导人生？

无师：有啊！这六个词，用好了，这一辈子游刃有余。

勿空：哈哈，哪六个词啊？

无师：正直、乐观、专注、高效、简约、智慧，用这六个方法面对入世的生活。

勿空：听着有点像六度啊，这也是有顺序的吗？

无师：是的，就像六度一样，也是有顺序的。首先是一颗正直良善的发心，然后从容乐观地处事，精进专注于一点，果断高效地执行，简约平凡地生活，最终便获得清明通透的智慧。

勿空：哇，您这是世间的六度啊，受益了。

无师：我们此生在世间，能够觉知出世间的智慧就很赞，但还是要用于世间的生活才对啊。

勿空：嗯，佛法在世间，不离世间觉。谢谢师父指点。

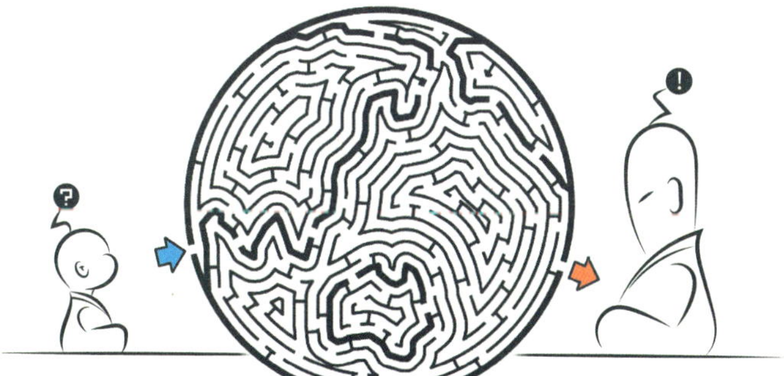

没人介意一个智者曾经多么愚蠢

勿空：师父，我总感觉自卑，总怕别人看不起我。

无师：放心，每个人都生活在自己的世界里，没有那么多人在意你的那些事，所以你也不用太在意别人的眼光。

勿空：是这样的吗？

无师：你换位思考一下就知道了。除了自己，你真正在意过谁内心的想法吗？就算有，其实也没有用，因为他人内心的真实想法，你根本无从了解。

勿空：有些身边的朋友，还是应该比较了解的吧？

无师：真正了解一个人几乎是不可能的，我们每个人的心智，都是经年累月，通过每时每刻的各种经历和体会在心里慢慢沉淀出来的。你完全没有办法设身处地成为别人，所以你对他人的认知，永远都会有巨大且无法逾越的偏差。

勿空：啊？那怎么办啊？

无师：什么怎么办？你担心什么呢？管好你自己，不断学习，不断进步就好了啊。

勿空：嗯，可是我总担心自己说错话，做错事。

无师：修行的路上，没有人能安全地躲过所有的坑。大胆去做，犯了错才能知道哪里有问题，那正是成长的机会啊，你又有什么可担心的呢，应该高兴才对。要知道，所有人都犯过错，包括那些大成就者，但是没有人在意一个智者曾经多么愚蠢。

勿空：嗯，我明白了，我的自卑应该就是来源于太在意别人对我的看法了。照您这么看，真的一点意义都没有，感觉之前挺蠢的。

无师：嗯，祝贺你，又觉悟了一点。

开天眼

勿空：师父，开天眼是怎么回事？感觉好神秘啊。

无师：不神秘，你可以把这个理解为一种譬喻。你看有天眼的二郎神的形象，发现什么特点了吗？

勿空：嗯，二郎神天眼长在额头的位置，而且是竖着的，这算特点吗？

无师：对，天眼比我们普通人的眼睛长得位置高，而且方向不同，这说明什么问题？

勿空：说明什么？

无师：这说明，天眼就是用“更高的维度”和“不同的角度”去看问题啊！

勿空：您这个解释我也是开了眼了。

无师：当你思考问题的高度和角度变了，答案就清晰可见了。能够从更高的维度洞悉生命意义，从不同的角度理解万物，你自然会对我们所经历的一切有更全面更深邃的理解，这就是天眼的意义啊。

勿空：啊！这个比喻很形象了。

无师：一旦你用来观察这个世界的心性变了，一切外境也就完全改变了，这就是相由心生，境随心转啊。

迷信

勿空：师父，我怎么判断哪些信仰是迷信呢?

无师：问问自己的内心是否还有恐惧。若你的信仰里仍有恐惧，那便是迷信，真正的智慧是用来克服恐惧的。

勿空：可是，大多数信仰体系里都带有恐惧啊。

无师：那要看这种信仰是带来恐惧还是消除恐惧了。恐惧本是人对未知事物与生俱来的生理和心理反应，非常正常。以产生恐惧为手段的信仰，会让你的修行之路越走越远；而真正的信仰只会让你远离恐惧，直到“恐惧”二字从你的字典里逐渐消失，这便是正信，也是我们修行的最终目的。

勿空：嗯嗯，这跟三法印相应吗?

无师：懂得诸行无常、诸法无我、涅槃寂静的道理，自然内心清净，远离颠倒梦想，心无挂碍，恐惧便无影无踪了。

勿空：啊！我明白了，谢谢师父指点。

人与人的差距，不是智商也不是情商，而是经历

勿空：师父，如何才能淡定从容地生活啊？

无师：那可是需要经历千锤百炼的，要经得起假话、受得住敷衍、忍得住欺骗、忘得了承诺、放得下一切，才能百炼成精，淡定从容。

勿空：这也太难了吧。

无师：不经历就没有体验，所以叫“经验”。但凡能真正淡定从容，那都是因为背后经历了无数不为人知的磨炼，所以说，人与人的差别并不在于智商的高低，也不在于情商的深浅，而在于经历。

勿空：嗯，看来经不住事儿，就是因为经历太少。

无师：对啊，总是一帆风顺并不见得是最好的，反而是磨难和坎坷，才能最终成就你。没有什么大不了，大胆做事，看淡成败。

勿空：嗯，我懂了，这么想就没有任何事值得畏惧了，谢谢师父。

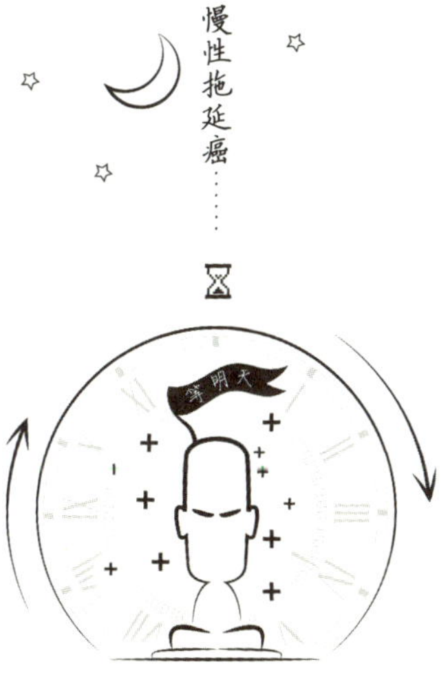

能不能改改你的臭毛病！！！

上智下愚者不移，中智必乱！

勿空：师父，我很自责，因为我经常会想，我们花了这么多时间和精力来学习，到底值不值得？人生这一辈子，就这么清清淡淡地过完，会不会浪费了？

无师：上智下愚者不移，中智必乱！有这样的心态是正常的，先不要责备自己，动摇是因为我们都不够智慧。所有问题都想清楚了的智者和所有事情都不去深究的愚者，他们是不会动摇的，只有我们这些自诩为不是愚者但又不够智慧的中智之人，才会动摇。

勿空：可这种反反复复的动摇，让我很不舒服，很困扰我，怎么办？

无师：修行是一场贯穿终生的长跑，它会伴你一生，重要的是坚持，而不是比谁跑得快。很多人一开始非常精进，精进到“不正常”的地步，那退转是早晚的事。精进应该是滴水长流，日久穿石。不要因为短时间的热情给自己太大的压力，种下退转的种子，而应该善知进退，量力而为。

勿空：嗯，那这个度怎么拿捏呢？

无师：把闻、思、修浸润到你日常生活的方方面面，让其像血液一样伴随你每天的成长。要求自己每天有思考，每天有收获，这就足够了。因为恰恰是急于求成的心态才会在人们心中播下退转的种子。

智是加法，慧是减法

勿空：师父，请问智和慧有什么区别呢?

无师：智是加法，慧是减法！

勿空：怎么个加减呢?

无师：我们通过闻、思、修的过程来学习智慧，这是在增益智；而在禅修精进的时候，去除杂念，则定静生慧。智是知识，是能力，而慧则是修为，是境界。

勿空：哦，果然是不同的两种状态。

无师：不过这二者又相辅相成，缺一不可。缺乏智的慧是盲从，是迷信，而缺少慧的智又会变得傲慢而空洞。

勿空：嗯，既要精进学习，又要放下执着，这貌似还挺难的。

无师：也不用刻意去拿捏，你在什么样的状态下就去做什么样的事就好了。智者知道如何进，慧者了解怎么退；智者拿得起，慧者放得下；智者无畏，慧者无虑。

勿空：嗯，这需要我慢慢学习体会了，谢谢师父指点。

无师：学习智慧，从了解加减法开始！

想，都是问题；做，都是答案

勿空：师父，现代人个个焦虑，包括我自己，不知道该怎么生活才好。

无师：想，都是问题；做，都是答案！

勿空：嗯？

无师：人们的焦虑主要来自对未来的不可知，未来的确是不可知的，即使你做好了一切准备，也是如此……

勿空：那怎么办？

无师：脚踏实地地做起。做计划也是行动的一部分，让所有的想法都落实到具体实现的步骤中，而不只停留在脑子里，你要找的答案就在行动当中。

勿空：嗯，像极了爱情。

无师：哈哈，无论是爱情还是修行，都是一样的道理，我们听闻佛法并思考解析，这都是必需的步骤，但是最重要的还是实修，只有实修才能找到真正的答案！

勿空：那我们普通在家人，怎么做才是修行呢？

无师：修行就是修正行为的过程！每天在工作和生活中体会佛法，然后根据义理修正自己的行为，这就是修行了。行胜于言，做就对了。

聪明的笨小孩

勿空：师父，为什么大多数人一辈子都会“一事无成”？

无师：因为大家都很“聪明”。

勿空：什么意思？聪明怎么还会做不好事呢？

无师：所有人在遇到困难需要抉择的时候，都会“聪明”地“趋利避害”。

勿空：是啊，这有什么错吗？

无师：这没错，可是当你每次遇到困难的时候，都选择换一条路走的话，“一事无成”便如影随形了。

勿空：啊？难道走不下去的时候，不就是应该换一条路走吗？

无师：可以的。但你要知道，并没有任何一条“好走的路”是通往“成就”的，所以我们大多数人都“聪明”地避开了所有“成就”，“平凡”地走过一生。

勿空：那不想这样该怎么做呢？

无师：从生活中遇到的每一个问题和困难入手，问问自己，这样的选择是在“逃避问题”还是主动地去“解决问题”。然后放下心结，选择后者，日积月累，必大成！方法总比问题多，你要加油哦！

这一件事最容易让你变蠢

勿空：师父，您说有一件事很容易让人变蠢，是什么事？

无师：从众！

勿空：从众怎么会让人变蠢呢？大家一致的意见往往是正确的啊？

无师：对于事物的判断依据自身独立的观点就好了，他人的意见可以作为参考，但不应该左右你做出结论。但是从众的心态就不大一样了。

勿空：有什么不一样呢？我觉得差不多啊？

无师：从众包含了两个隐藏的意义，一个是因为不愿意被孤立而选择压抑自己的思想或行为，甚至抛弃是非的判断。第二是你懒得花时间精力去思考，别人怎么选择跟着选就是了。大多数群体里的人为了换取那份让人备感安全的归属感，宁愿不去思考。这二者不论是哪一种，都会很容易让你判断失误，交智商税。

勿空：嗯，我明白您的意思了，可是谁都逃不开群体啊！

无师：是的。人是群居动物，群体是安全的、有归属感的。对于在群体中的自己，要意识到某些思想行为或许非理性，只是为了趋于认同罢了，不要太执着……集体意志并不代表正确，要唤醒自己的独立意识，学会独立思考。

发现自己的愚蠢

勿空：师父，您智慧超群，弟子万分敬仰，请……

无师：滚！

勿空：哎呀，您干吗骂我？

无师：勿空你要知道，真正有智慧的人，都是那些不断发现自己愚蠢的人。这听起来很矛盾，但事实如此。你只有不断发现自己的愚蠢，不断地修正思想和行为，才有可能不断成长。一旦认为自己聪明，高人一等，你也就到头了。

勿空：啊！原来您是这个意思，可是的确有很多人比我有智慧啊，我想不通的事他们就想得通。

无师：人和人的差别，并不在于智商，而是在于经历。道理讲给你之后，你也懂了，这就说明你并不傻。你之所以之前想不通，只是因为你没有经历，所以没有感触而已。

勿空：所以，跟没有某种经历的人学习这个方面的智慧，只能是纸上谈兵吗？

无师：你说呢？人生在世，你不懂的东西很多，每个人都在自己擅长的方面有经验，任何人都可以成为你的老师。你要做的就是善于发现自己的愚蠢以及善于了解他人的长处。

勿空：嗯，只有这样才能越来越聪明是吧？

无师：不！你会发现自己越来越愚蠢！

勿空：啊？不是吧！

无师：已知圈越大，那么未知圈也就越大，你学到的智慧越多，你就越会发现自己竟如此地愚蠢！于是，才会真正放下内心的傲慢，做到谦卑、恭敬和内敛。那些大师的谦和不是装出来的样子，那是他们内心真实态度的表露啊。

勿空： 啊！弟子知错了，感恩师父指点。

愚

小疑小悟，大疑大悟，不疑难悟

勿空：师父，我们怎样才能智信，而不迷信呢？我在学习的过程中有很多疑问，并不全信，该怎么办？

无师：小疑小悟，大疑大悟，不疑难悟。

勿空：这该怎么理解？

无师：过程当中的疑惑，通过学习来求证，这就是最好的方法了。有疑惑不怕，最怕连怀疑都不敢，以假为真的迷信。

勿空：可是，我们不是说贪、嗔、痴、慢、疑这五毒是需要放下的吗？

无师：从疑到悟，这不就是在放下疑吗？世尊并没有教导我们遇事不要产生疑惑，而是要用智慧解决问题，才能消除疑惑，最终做到不疑。但如果你只是疑而不去解证，又会走向偏执。

勿空：啊！原来如此啊，我还一直担心，我每天问题这么多，是不是不应该呢。

无师：带着疑问学习，用所学解决疑虑，便不会迷信。

这样做，才是对自己最大的伤害

勿空：师父，我发现有些人超级讨厌，杠精附体。

无师：哈哈，瞧把你气的。遇到杠精你是怎么对待他的？

勿空：我当然不怕了，跟您学了这么多，他starring我，我就the他，直到the到他没话说！

无师：the赢了，你开心了吗？你知道那个人会怎么说你吗？

勿空：不开心，气死我了，他肯定觉得说不过我呗。

无师：不会，那个人会心里骂，今天遇到个杠精！你看，他成功地把你变成了你讨厌的样子，这才是对你最大的伤害啊！

勿空：啊？我怎么没想到这一层？

无师：别人嘲讽你，你马上尖酸地回敬；别人看不起你，你也立马鄙视他；别人夸夸其谈，你也说大话证明自己更厉害；别人冷落你，你比他更冷……这样，是不是很轻易地就把自己变成了你讨厌的样子？

勿空：啊！完了，我上当了，惭愧惭愧……那面对杠精，该怎么做呢？

无师：所谓杠精，是需要对手抬杠才能继续他的事业，你不继续抬杠，他就杠不下去了。面对杠精你只需要这样做，微笑，说“嗯，有道理……”然后继续做你的事。

这么多菩萨在身边，你却选择视而不见

勿空：师父，真希望能有菩萨现身，点化我。

无师：你随时都可以跟菩萨们学习啊。

勿空：师父，您是不是想说菩萨在经里，菩萨在心中啊？可是我想跟菩萨面对面交流。哈哈哈，是不是我的要求太过分了？

无师：一点也不过分啊，这么多菩萨在身边，你却选择视而不见！

勿空：师父您说笑了，哪儿有？菩萨在哪儿呢？

无师：勿空啊，如果我告诉你，你此生遇到的所有人，不论贫贱富贵都是菩萨，你能理解吗？

勿空：不是吧，师父！要说您是菩萨我信，可是有很多人那是相当讨厌啊，那些害你的、骂你的、侮辱你的，怎么可能是菩萨？

无师：批评你的，是纠正你错误的菩萨；伤害你的，是磨炼你心性的菩萨；侮辱你的，是教你忍辱的菩萨。

勿空：啊？这……

无师：欺骗你的，增进你的智慧；绊倒你的，强化你的双腿；蔑视你的，觉醒你的无我；遗弃你的，教会你独立；更不要说那些生你养你的、帮你扶你的、爱你关注你的菩萨了。勿空，你告诉我谁又不是菩萨？

勿空：啊，师父，我错了！我以前面对不喜欢的人和事都只会撑回去，原来他们都是来度化我的啊。太愚蠢了！浪费了太多的机会！

无师：佛的眼中众生皆是佛，菩萨眼中众生皆是菩萨，凡夫眼中所有人皆是凡夫。悲观者看世界，世界暗淡失败；进取者看世界，世界美丽光明。你的世界是光明还是暗淡，取决于你的心态与智慧。菩萨嘛，

就在身边啊，他们时时刻刻都在点化你的佛性。你唯一要做的，就是敞开心扉，接纳雨露。

勿空：谢谢菩萨您的点化，弟子受教了。

拒绝愚蠢的四个工具

勿空：师父，我总是没主见，人云亦云，感觉蠢透了，怎么治？

无师：我这有四个工具，你拿去照着做吧。

勿空：师父您就是哆啦A梦，要啥有啥，哈哈。

无师：呵呵，都是我提前装进来的。这四个方法是：自检、求证、思辨、升维。

勿空：这都是什么意思呢？它们是平等的还是有层级的？

无师：这四个工具是有顺序的，对应解决从简单到复杂的问题。首先说“自检”，这是针对那些很容易被观察、被印证的问题。别人说了什么不重要，你自己去检验一下，了解一下再判断。

勿空：那没法被观察或验证的理论呢？

无师：这就用到第二个工具叫“求证”，就是去看这个观点有没有足够的证据，能够被分析或证明再去判断。你知道为什么有些人固执己见，听不进任何不同意见吗？

勿空：不知道。

无师：那是因为他的观点并没有办法被证明，自己也信心不足，所以只能仰仗情绪来掩盖。

勿空：哦，所以讨论问题容易急眼、发脾气的，往往是不自信啊？

无师：对啊，能证明的事，没有必要用到情绪。

勿空：那如果问题比较复杂，又不好证明，怎么办？

无师：这就要用第三个工具——“思辨”了。所有问题都可以从不同角度去解读。假想一个人站在你观点的对立面，从不同的角度跟你辩论，看看他能找出什么理据，找到你的什么漏洞，用这样的方法，削弱自己的偏见。这就是对自我提升的更高层次要求了。你是否足够智慧，要看你脑子里是不是能够同时容纳下两个完全相反的观点。

勿空：啊！能做到这些，我觉得应该已经足够智慧了，那还有一个工具干吗用啊？

无师：嗯，当你能做到以上这些，已经说明你是一个睿智的人了，但这也可能就是你最大的障碍，这时候就要拿出最后一个工具："升维"。在我们能够思考的维度中，即使再正确的观点，上升一个维度，就会变得毫无价值，甚至是漏洞百出。所以，我们永远需要告诫自己："我很可能是错的，现在认为正确的事，很可能是被自己的认知所局限了，别自以为是。"

勿空：啊！您这么一说，我才发现自己原来真的太蠢了，不自检、不求证、不思辨就轻信，然后还自以为是，哎……

无师：人人如此，都经历过了才会有体验，现在意识到了也不晚哈……

你理解的谦逊，可能完全是错的

勿空：师父，怎样做才是真正的谦逊？

无师：你是怎么理解的？

勿空：大概就是，把自己看低一些，他人夸赞自己的时候，表现出自己并没有他人描述的优秀，这就是谦逊吧？

无师：这不是谦逊，只是对骄傲情绪的主动压抑。

勿空：我承认有那么点儿，可这不算谦逊，那什么才是呢？

无师：把自己看得不好并不是谦逊的表现，真正的谦逊是完全不想自己，没有对比的心态。你看，把自己想得很好，必然会把他人想得很糟，这是傲慢的源头；反过来，处处把自己想得不好，那也不是谦逊的状态，那是自卑。修行的正念是专注地活在当下，不执着过往，不忧虑未来，这种状态自然是快乐的，同时也是无我的。

勿空：嗯，我明白了，没有对比就没有伤害，哈哈哈。

无师：内心不产生任何与他人对比的情绪，专注于当下做事修行，这就是真正的谦逊了。你好好体会吧。

八月主题：心性与自我

中律的心香

外界的喧嚣 vs 内心的嘈杂

勿空：师父，城市里太嘈杂了，我想找个安静的地方好好修行。

无师：外界的喧嚣远比不上你内心的嘈杂。

勿空：啊？您的意思是？

无师：喧嚣的生活永远都是表象，纷繁的事物才是人生本来的样子，这些都是过眼云烟，过去了，留不下任何痕迹。而你内心无处不在的烦乱思绪，只有你自己能够捕捉，也只有你自己能够去控制。与外界的喧嚣相比，你内心的嘈杂会给你带来更深远的影响。

勿空：嗯，是，打坐的时候，我满脑子胡思乱想，都抑制不住。

无师：带着一颗嘈杂的心，不论去到哪里，哪里都会变得喧嚣；带着一颗宁静的心，不论身处何处，何处都是净土。学会做一个安静的人吧。

勿空：嗯，怎么才能算一个安静的人呢？

无师：安静的人习惯思考，喜欢独处，与世无争，不在是与非中劳神，不以物喜不以己悲……

高情商的底层逻辑是善良

勿空：师父，我觉得自己情商挺低的，怎么培养高情商呢？

无师：你觉得高情商是什么样的？

勿空：我觉得吧，高情商就是做事考虑得比较周全，待人处世让人舒服，性格谦卑、包容、大度。

无师：嗯，你说的都对，不过这些都是表象，并不是根本。高情商的底层逻辑其实很简单，每个人都能做到，只是我们用自私、傲慢等习气把它遮蔽了。

勿空：是什么呢？我很想知道。

无师：高情商的底层逻辑就是善良，是那颗不分彼此、纯净善良的心。善良的心，能够站在对方立场去体察，自然就会顾及他人感受；善良的心，懂得用倾听替代争辩，自然受欢迎；善良的心，不会穷追不舍，懂得凡事留有余地，自然受尊重；善良的心，懂得诸行无常，诸事不易，各有难处，自然放得下。

勿空：啊，原来善良的发心如此重要。

无师：是啊，有什么样的发心就有什么样的世界，解决所有困难的钥匙就是你那颗纯净善良的心。

正是你犯的各种错误成就了现在的你

勿空：师父，勿净师兄总是挑我毛病，我好烦他。

无师：哦？这你可要感谢他才对。

勿空：他老烦我，我干吗还感谢他呢？

无师：他总挑你毛病是因为你的言行有做得不对的地方，还是故意跟你作对？

勿空：有的时候是我可能做事不严谨，有的时候我觉得就是他没事找事。

无师：我们每个人由于自己的认知有限，都会犯各种各样的错误。如果你能明确地知道某件事自己做错了，又能在之后避免再犯错，那真是应该开心才对，这证明你进步了，提升了自己。我们修行的价值不就是在这点点滴滴、时时刻刻的改变之中吗？正是你这一生中犯的各种错误成就了现在的你啊！

勿空：哦，原来这样啊，您说的对。

无师：只有不断否定之前的自我，才是最明确的进步。给你指出错误的人会引导你改变自己看问题的角度和思想方式，是指引你进步的菩萨。

你并不在场

勿空：师父，为什么说发心利他才能改变命运？

无师：因为绝大多数改变你命运的关键时点，你并不在场。

勿空：师父，您又说笑了！决定我自己命运的时候，我怎么会不在场呢？我不在场谁在场啊？

无师：你看，生的时候你不在场，死的时候你也不在场。

勿空：呃！这倒是，那中间的各环节都在场啊。

无师：学校决定录取你时你不在场，工作后老板决定给你升职时你不在场，恋爱对象决定答应嫁给（娶）你时你不在场，创业时投资人做出决定给你投资时你不在场，客户最终决定跟你合作的时候你不在场……诸如此类，绝大多数能够改变你命运的当下，其实你都是缺席的。

勿空：啊！那如果是这样，又是什么在我缺席的时候决定了我的命运呢？

无师：是你从始至终发自内心的正直、大度和智慧。做到“正直发心、自利利他”，这就是种下了善因，而命运的改变则是机缘成熟带来的“果”，所以要“因上努力，果上随缘”啊！

人之初，性本空

无师：人之初，性本空；性相近，习不同。苟教之，渐启蒙……

勿空：师父，您咋把三字经给改了啊？啥意思呢？

无师：意思就是，小孩子本来只是无知，但并不愚蠢，直到被教育……

勿空：哈哈，那您给解释解释呗？

无师：有两种思想：一种就是大家都熟知的“人之初，性本善”，听起来很“正确”，但如果一件事的始点是善的，那就意味着它只能向着“不善”去发展，就像我们在北极，你往哪里走都是向南。

勿空：那另一种思想是什么呢？

无师：那就是战国时荀子所说的“人之初，性本恶”了。他认为人可以通过后天的教育变得良善，所以他认为始点是恶的。

勿空：哦，那您更愿意接受哪种思想呢？

无师：我更愿意认为人性在最开始是空的，没有善恶之分，只有随顺自然的心性，在成长的过程中被社会、被环境所教育，才分出了善恶。我们修行的过程，就是让自己已经被岁月“教育”的心性再次回归自然、回归空性的过程。试着去找回你的“内在小孩”吧。

自信和优越感有着天壤之别

勿空：师父，您一直告诫我们要有自信，这个和优越感是差不多的吧？

无师：自信和优越感是完全不同的两个概念，差别巨大。

勿空：不会吧，我怎么觉得差不多呢？

无师：在某个领域、某群人当中，自认为比别人强，这是优越感。

勿空：嗯，是，那自信有什么不同呢？

无师：自信是对自己能力的估价，是一种自我的肯定的状态，与成就感的区别在于，是否需要与他人对比。

勿空：哦！自信是我很强，而成就感是我比别人强！对吧？

无师：是的，烦恼往往来自对比，它会衍生嫉妒，进而产生嗔恨，导致烦恼不断。而不需要对比的自信则可以坚定信心，让自己更加精进努力，这两者有着本质区别。

勿空：嗯，我明白了，我们需要培养自信心，杜绝浅层次的优越感。

欲

yù

一旦看清了自己，哪还有勇气去评价他人？

勿空：师父，勿净他又懒惰又不好好学习，您是不是可以考虑让他下山啊？

无师：为什么？

勿空：他整天杠这个、撑那个，影响我们学习，师兄们都烦他！

无师：能够轻易被他人影响，说明你们思维逻辑不够确定，内心不够清净！

勿空：啊？这……

无师：每个人的习性不同，没有任何人能和你完全相应。与其追求清净的外界环境，不如在喧嚣中磨炼自己的心性，我看你们挺需要他。

勿空：您这么说，貌似也有道理。别人身上的问题总是容易被发现，自己的问题始终难以察觉。

无师：是的，我们每个人都有一堆的缺点和不足，当你一旦看清了自己，哪还有勇气去评价他人呢？

勿空：嗯，是，我明白了，我又草率了，谢谢师父指点。

不要走在我的后面，请走在我旁边

勿空：师父，修行的路上有您带领，真的很幸运！

无师：哦，不，不要走在我的后面，我可能并不会带你走到彼岸。

勿空：啊？师父您这是什么意思？难道让我走在前面，您在后面不断纠正我吗？

无师：不，也不要走在我的前面，我可能不会跟随。

勿空：啊？那我怎么做才对呢？您可是我师父啊。

无师：追随他人，会失去自我；一味向前，又会迷失方向。我们都是走在修行觉悟道路上的凡夫，请走在我的旁边，我们互为师徒，互相指引，共同前行。

勿空：啊……好棒的感觉，弟子明白了，谢谢师父。

那个爱了你一生的陌生人

勿空：师父，有的时候我觉得很孤单，都没有人关心。

无师：是吗？不会啊。

勿空：可是，事实就是这样无情，很难有人走进自己的生活。

无师：有的，有一个始终关心你、爱着你、包容你，一辈子也不会离开你的人。

勿空：哪有？您说的是我爸妈吗？他们是很爱我，但是他们早晚也会老去，离开我。

无师：不是你的父母，还有一个一生爱你的人，你却把他当陌生人，从不去关注。

勿空：啊？那是谁啊？在哪里？

无师：他就住在你心里，永远陪伴着你，包容你所作的一切。他对你做到了全然的慈悲，他就是你内心的佛性，而你却一直忽略他，从来没有试图去了解他……

勿空：啊！

无师：每个人内心的佛性对自己真正做到了全然的慈悲。

勿空：嗯，是啊，不论犯了什么错，始终都会包容自己。

无师：如果能按照他对待你的标准去对待他人和这个世界，那才是真正的慈悲。

所有的不乐意，都是你自找的

勿空：师父，我不开心！

无师：哦，那是你自找的！

勿空：啊？您还不知道我因为什么不开心，怎么就说是我自找的？

无师：你刚才说是谁不开心？

勿空：是我啊！

无师：对啊，所以，是你，自找的啊！

勿空：我竟……无言以对……师父您说明白点儿行不？

无师：我问你，让你不开心的这件事已经过去了吗？

勿空：过是过去了，但是我还是心里堵得慌。

无师：堵得慌对你有价值吗？是不是只能让你难受，并没有别的意义？

勿空：好像是这样。

无师：所以这还是你自找的。世间所有一切，不论什么事，对你的影响都来自你内心，包括所有让你不开心的事，当然也包括除此之外的所有事。所以，要怎么面对并不取决于外界，都在你心里啊！这个心结你是选择放下，还是选择放下，或者是选择放下，你自己决定喽……

欲望

勿空：师父，怎么能去除欲望？我觉得好难啊。

无师：你想去除欲望的这个念头本身也是欲望，想用一个新的欲望去除另一个欲望，怎么去得掉呢？

勿空：啊？那该怎么办啊？

无师：欲望就是欲望，是人与生俱来的。你只要看到它，知道它是欲望就够了，去掉它干吗？你想去除它的这个念头也不断在强化它。

勿空：可是，不是说放下欲望才能得解脱吗？

无师：欲望也分类型。基本的欲望、正常的欲望，对你的生命是有益的，利用它就好了，比如求知欲。其他的也不用急着想办法去掉，欲望只是念头，没有具体实物怎么放下？欲望生出来了，你察觉到了，不用去管它，不用去理它，心不随它流转，这就够了，这就是放下了。

勿空：不去理它就能放下欲望吗？这是真的吗？这么简单？

无师：不信你试试。你不去理这个念头，它如果还存在，那就奇怪了。你之所以被欲望牵着走，是因为你的心不断随着它流转、不断强化它，然后又因为欲望没有实现而产生了烦恼，或者实现后产生更大的欲望……如此往复。

为什么有的人就是很固执？

勿空：师父，为什么有的人很固执，听不进别人的意见？

无师：我们每个人都有固执的心态，只是程度不同。但是，随着你自己认知维度的逐渐提升，慢慢就放下了。

勿空：这个认知维度和固执有什么关系啊？

无师：当我们认知不足的时候，看不到事物的其他维度，只能以坚持原有的看法来保持对自我的肯定。当你的认知维度越来越高时，你会发现所有的事物都有其他角度的解读，原来的看法换个角度或许就有截然相反的结论。你学会了从多角度看问题，从高纬度思考，你会发现自己一直坚持的并不见得正确，自己反对的也不见得错误，只是角度不同罢了。这样的话，想固执都固执不起来。

勿空：哦，原来是这样。那我们坚持学习佛法，在其他人看来是不是也是固执的表现呢？

无师：我们学习佛法就是一直在学习提高认知维度啊！五年前的你和现在的你对佛法的认知是一样的吗？

勿空：不是，改变了非常多。

无师：你看，如果你固执地坚持五年前对佛法的认知，哪还会有进步呢？正因为你放下了固执己见，不断地发现自己的错误，不断地改变自己的观点，不断地修正自己的行为，这样的修行才会有价值啊。

勿空：嗯，我理解了，固执己见只会限制自己的成长。

无师：是的。如果你现在认为千真万确的事，随着认知的成长，有一天突然发现它一文不值，那时候你就应该知道，自己有了巨大的成长。

勿空：嗯，弟子明白了，谢谢师父。

怎么对治自己的嫉妒心呢？

勿空： 师父，看到别人取得好的成绩，比自己强，我内心里总是多少有些嫉妒。有没有什么方法对治自己的嫉妒心呢？

无师： 嗯，有的，方法就是“随喜”二字。

勿空：“随喜”我们天天都在说啊……

无师：“随喜”可不是说说而已，是段位很高的修为。随喜有四重意思，一是见善随喜，见到他人行善而心生欢喜；二是见欢而喜，见到别人开心而心生欢喜；三是助人行善，布施金钱或法语也叫随喜；四是随生欢喜，瞻拜佛像而生欢喜也叫随喜。不过最重要的一种表达就是“随他人的善行或欢乐而心生喜悦”，这其实很不容易做到。

勿空： 是啊，师父，说说容易，想要真正随顺他人的欢喜还是挺难的。见到他人很开心，自己往往心生嫉妒啊。

无师： 随喜的目的就是调伏自我的嫉妒心和我执，我们普通人很难随顺他人的欢喜，这都是嫉妒心和我执在作怪。我们身边的人比我们取得了更优秀的成绩、有了更好的收获时，往往第一时间在你心中升起的并不是喜悦，而是嫉妒，这也是人之常情，不过这也正是我们需要通过修行来调整的心性。

勿空： 那怎么办呢？光嘴上说随喜有用吗？

无师： 还是有用的。我们学佛之人要对治这样的情绪可以先从言语上调伏，见到他人开心要第一时间对他说随喜，如果你习惯了这样，慢慢地内心也就随顺了这样的心境，直到有朝一日，见到他人行善或者开心的时候，发自内心地为他而心生喜悦，便做到了真正的随喜。

勿空： 哦，原来随喜不只是说说而已啊！

仰视会自卑，俯视则自满，平视见自己

勿空：师父，怎样才是正确的处世心态？

无师：学会平视。

勿空：啥平视？什么意思？

无师：这个世界上的人形形色色，各有各的思想，各有各的生存之道，各自用生命在体验整个历程，不分高下。有的人很优秀、很聪明、很有成就，有的人很愚笨、很懦弱、很平庸。然而，这些都是生命形态，没有本质区别，都值得尊重。

勿空：嗯，这个我理解，您说的平视是什么？

无师：遇到优秀的人，容易仰视，那样你会自卑；遇到卑微的人，也不用俯视，那样会自满；只有学会平视他人、平视自我，才是你我本来的样子。

勿空：嗯，不执着于任何外相。

无师：当你平视这个世界的时候，世界也在平视你，你便活得不悲不喜、自由自在了。

一切烦恼都来自这里

勿空：师父，请问烦恼是怎么产生的？

无师：自寻烦恼。

勿空：可是，的确是因为有很多烦心事才会有烦恼啊，您怎么说自寻烦恼呢？

无师：你仔细想想，事情就是事情，它在那里发生而已，而你的烦恼在哪里呢？在于你对这件事的反应，在你自己心里。

勿空：您是说，烦恼只是自己内心对事物的反应？

无师：是的。一切事物，包括与你有关的或者与你无关的，你都可以决定让它是否烦恼到自己，这其实看的就是你的心量和调和能力了。想要成为一个快乐的人，就尽量避免你内心不必要的反应吧。

勿空：想想也是哈，有什么大不了的事呢？再大的事，来了就接受就好了，不愿接受就去改变，改变不了就还只能接受，烦恼有啥用呢？

无师：哈哈，你开窍了。

日子

勿空：师父啊，日子一天天重复过，有时觉得很枯燥、很无聊啊。

无师：不是日子枯燥无聊，而是你自己枯燥无聊才把日子过得重复。

勿空：啊！又扎心了。

无师：日子就在那里，没有任何情感色彩，而你却把自己活成了日子的寄生者。你忘了吗？每一个日子都是新的，每天从睡梦中醒来的你也都是全新的，面对的都是不确定的未来，有无限的可能，即使再平常的日子也可以有收获。

勿空：啊，怎么才能让自己每天更有活力呢？

无师：想要每天过得有创意，学习是个不错的方法，认识新朋友、学习新技能、解决新问题、分享新观念，这些都会让你每天有所收获，而且要记得永远保持乐观，绝不抱怨。去吧，出发去寻找自己吧！

勿空：嗯，可我就是总是懒，啥事总想等以后再说。

无师：你要知道，今天就是你昨天所说的未来，这辈子就是你上辈子说过的下辈子。别给自己找借口，这辈子都过不好，还期待什么下辈子？

勿空：嗯嗯，过好每一个当下，谢谢师父指点。

那个你不喜欢的部分，也是自己

勿空：师父，我已经很努力在做事了，还是有很多人不喜欢我。

无师：你放弃吧。

勿空：什么？您不是说不可轻言放弃吗？

无师：我是叫你放弃让所有人喜欢的这种想法！

勿空：可……做更好的自己，这又有什么错呢？

无师：每天精进修为，做更好的自己，这没错。不过你也要知道，那些你不喜欢的部分也是你自己，没有办法逃避，也需要包容。有优点也有缺点，才是和谐的自己。接受自己的不完美之后才能真正理解并包容他人的不完美，进而理解和接纳世界的不完美。

勿空：啊？是这样啊，那我们追求完美的生活、完美的自己不是也没什么意义了吗？

无师：努力精进、努力修行就很好啊！只是不要执着于此，忘记了包容不美好，因上努力，果上随缘。

这世上有没有鬼？鬼都住在哪里？

勿空：师父，这世上有没有鬼啊？

无师：有啊！好多呢！

勿空：嗯？您这是不是迷信啊？鬼在哪里？我怎么没见过呢？

无师：你怎么会没见过？鬼就住在你心里啊……想见，随时见。

勿空：啊？啊？不是吧？师父，您别吓唬我！

无师：我没有吓唬你啊。鬼呢，就是那个无明烦恼的自己。想到鬼，你之所以害怕，是因为不懂得“心无挂碍，无有恐怖”这个道理。就像你并不知道你一旦觉悟自性，你自己就是佛，道理是一样的……

勿空：啊！原来每个人的心里都是佛魔同住啊？

无师：是啊，一念悟即是佛，一念迷就成魔啊！

会传染的习性

勿空：师父，气死我了，勿净他骂我。

无师：哦，不用因此生气，爱骂人那是他的习性，他不是只骂你，也骂别人。习性会传染，你如果因此生气，那就变成你的习性了。如果你再跟他对骂回去，那你就跟他的习性没区别了。

勿空：嗯，那我不跟他计较。

无师：言语具备杀伤力是因为听的人在意。你越是在意，语言越能伤害你，因为你把那些伤害的话装到自己心里了。如果你内心不在意，伤害也就不在了。

勿空：哎，还真是，这有点自找苦吃的意思。

无师：你静下心来仔细看看，何止那些伤害你的话不存在，其实所有的过去、未来，也都不存在啊。你能体会到的，只有当下这一刻的时空而已，甚至当下这一刻也转瞬即逝，没有什么能留得住，你又何必在意呢！

勿空：啊！那这么说，好心情和坏心情也都是我自找的喽。

无师：对啊，你想用什么样的心情面对这个世界，都源于你的习性。爱思考是习性，不生气是习性，善良是习性，抱怨是习性，勤奋是习性，懒惰也是习性。别让他人的习性传染你，也不要去传染别人，莫舍己道，勿扰他心。

对自己的成见

勿空：师父，我是一个悲观的人，做事总做不好。我希望有所改变，可不知道怎么办。

无师：你对自己一直保持着成见啊！

勿空：没有，真是这样的！我从小就内向、不合群，长大了看问题也消极悲观。

无师：我所谓的成见是你对自己有预设的定义。我问你，如果把10年前的你和现在的你放在一起，他们还是同一个人吗？

勿空：嗯，我想想……我应该是改变了很多，或者说完全不一样了。

无师：那你为什么要用小时候的记忆来看待现在的自己呢？你一直戴着有色眼镜看自己，在潜意识里给了自己一个前置的定义，然后一直生活在这个定义里，并且不断强化它，于是你就真的活成了你所定义的样子。

勿空：那怎么办啊？

无师：其实，你每天早上醒来都是全新的，在当下这个时点来看，你所拥有的是无限可能。所有过往的状态跟你面对当下或未来的态度都没有直接关系，你完全可以用你期望的状态去面对，不要先给自己下定义，尤其是负面的定义。摘下你的有色眼镜，放下你的矜持，每天面对全新的自己吧。

九月主题：因果与无常

玄月的禅思

每时每刻都是善缘的起点

勿空：师父，人们都说善有善报，恶有恶报，可是现实生活中好像不全是这样啊？昨天我好心好意帮助勿净，可他还骂我多管闲事。

无师：看来你还不理解“因、缘、果”的逻辑。

勿空：理解啊，种瓜得瓜，种豆得豆呗。

无师：对，但是你忘了，不是种下瓜马上就得到瓜，而是要经过空气、土壤、雨水、施肥、除虫以及时间的“助缘”才能得到瓜啊。首先你种下了“因”，经由时间流转中各种“缘”的加持，最终才会得到“果”，这有个过程。

勿空：哦，那我该怎么理解才对呢？

无师：你看，昨天勿净骂你多管闲事，这并不是你昨天帮助他的这个“因”造成的，而是你们之前种下的各种“因”，加上长时间相处的各种“缘”，而得到的一个“果”而已，你搞错了。

勿空：啊！当下获得的“果”都是过往的“因”和“缘”所造就的啊！

无师：对。勿净骂了你这件事，虽然是“果”，但也是新的“因”。这时候你有两种选择：选择对骂回去，种下“恶缘”；或者不去计较，理解他的难处，适度地提供帮助，用清净心去面对，种下“善缘”，那么日后当然就会有不同的“果报”出现了。

勿空：哦，我之前还真没想到过这个点。

无师：一种是“恶因”+“恶缘”，一种是“恶因”+“善缘”，你该如何选择很清晰了吧？

勿空：嗯，我明白了，任何事的发生其实都已经是“果”了，我们要做的只是如何面对，种接下来的“善缘”而已。

无师：别人如何待我是我的因果，我待他人如何才是我的修行。保持清净心，每时每刻都是“善缘”的起点。

因果没有那么简单，但它从来不会误会你

勿空：师父，昨天有人问我，她说她整天做善事、布施、放生、供养，但是生活依然不如意。她觉得很不公平，问我为什么，我也不知道怎么回答……

无师：嗯，很多人有这样的困惑。不过其实道理很简单，做善事和生活如意之间并非简单的因果关系。

勿空：嗯？不是这样吗？善有善报，恶有恶报，难道有错吗？

无师：这话没错，不过大多数人都希望种个瓜就得到瓜，种个豆就得到豆，其实因果并没有那么简单。种一个瓜最终只是可能得到瓜，也可能什么都得不到，这个过程中有着千变万化的各种因果起着作用。人们总是希望我种了一个善因立马就有个善果，这也是贪念啊！

勿空：啊？您再给我理一理，我有点蒙圈。

无师：每一件事的发生就是一个“果”，这个“果”产生的原因可能比较简单，比如晚上拉肚子可能就是因为中午吃坏了，这种因果简单清晰。但是，像“生活得更幸福”这一类的“果”，可完全不是这么简单了，这样的“果”是由长时间错综复杂的各种因和缘构成的，并没有一个单一的“因果”。

勿空：师父，这我不认可。照您这么说，我们天天行善也不一定得到善果，那行善还有什么意义啊？

无师：不以善小而不为。行善就像种下种子，只有种了善因才会有可能得到善果。一个结果是无数错综复杂的因造就而成，你每天做的善事结的善缘会不断提升得到善果的概率，这并不代表做了善事就一定有善果，但只要不断坚持做下去，得到善果的概率就会越来越大。

同样，做了恶事便会增加你得到恶果的概率。如果你做了大恶之事，那么这个概率就会变得非常高，甚至直接示现在眼前。

勿空：哦！是这样啊！

无师：另外，我们慈悲行善的目的也不应是得到善果，而应是单纯的发愿帮助他人而已。如果你带着私欲的目的去行善，便很容易失望，这一点我们修行之人更应该注意。

勿空：啊！是啊，我们行善本不需要回报，但如果得不到回报就产生烦恼，这完全违背初心了。

无师：因果虽然没有那么简单，但它也从来不会误会你，不用去争辩，更不用去抱怨。

勿空：不忘初心，慈悲行善。

愿力

勿空：师父，我做很多事都半途而废，坚持不下去，怎么解？

无师：你知道是什么让你没有做成那件事吗？

勿空：我觉得是方法不对或者是资源不足。

无师：不，让你做成一件事的不是方法，不是金钱，不是资源也不是人脉。

勿空：那还会是什么呢？

无师：是你的愿力，也就是那颗一定要完成的发心。

勿空：啊？有那么大影响？

无师：你极其想完成的那件事，即使有再多困难和障碍，你也会有更多的方法去应对。就算暂时没有办法，你也会去创造办法。但如果你本不想完成那件事，只是应外界的要求而非发自内心的强大愿力驱使，那么即使给了你一堆方法，你也会熟视无睹。

勿空：嗯，我仔细想了想，还真是这个样子。我做很多事其实都不是为了做成这件事本身，要么是为了挣钱，要么是为了讨好他人、维系关系，真正发心不计结果去做的事真的少之又少。

无师：是啊，我们现代人生存压力大，每天为了能做自己想做的事而去做自己不想做的事，生命就在这样的夹缝中飞逝。如果你能找到不受一切外界因素影响也要达成的目标，你的生命会变得非常有意义。

勿空：嗯，我明白了，这就是信仰吧？

无师：嗯，信仰也是这样。

我总遇到不靠谱的人，怎么回事？

勿空：师父，我总遇到做事不靠谱的人，耽误时间耽误事，这是为什么？

无师：这并不是因为你总遇到不靠谱的人。

勿空：啊？那是什么？

无师：是那些靠谱的人不再跟你交往了，而且他们并不会“通知”你。

勿空：什么意思？怎么会？

无师：经常遇到不靠谱的人，大多数的原因是你本身不靠谱。

勿空：啊？师父这您可说错了，我做人一向很靠谱的啊，怎么会呢？

无师：我给你举个例子你就明白了。比如说最简单的守时问题，跟别人约好的时间，你绝大多数情况会是早一点到、整点到还是往往迟到？

勿空：这个……我经常会有一点迟到，不过重要的事情我不会迟到。

无师：迟到是个习惯问题，不重要的情况下，才是真实品行。

勿空：可这跟遇到靠谱的人有啥关系？

无师：如果你自己迟到，你就没有办法知道谁迟到，因为你到得最晚。更严重的是，几次之后，那些守时的人也会判断你不靠谱，以后就少跟你来往，以免耽误时间。你看，很小的一件事就让你既失去了判断谁不靠谱的机会，又让本来靠谱的人远离你。可想而知，剩下来的不就只有比你更不靠谱的人了吗？其他琐事同理可推……

勿空：哎呀！还真是这么回事啊。

无师：细节产生差异。谁都希望跟靠谱的人交往，而你某些不好的习惯却让你既没办法远离不靠谱的人，又让靠谱的人远离你，那经常遇到不靠谱的人不就顺理成章了吗？

勿空：啊！有点后怕，幸亏您提醒得及时，谢谢师父。

在世间，就用世间的道理活。不惜此生，何谈来世？

勿空：师父，如果到头来一切都是空，那我们修行还有什么意义呢？

无师：你知道梦会醒，难道就不用睡觉了吗？

勿空：您这话怎么理解啊？修行让我们看到本质，可是什么都看透了的话，那不是做什么都没意义了吗？

无师：我们修行是为了了解这世界的真相，但别忘了，你仍然生活在世间。在世间，就要用这世间的道理去活。如果你用出世间的道理活在世间，既错过了这一生的惊艳，又没法超脱于俗世，这就尴尬了。修行是一辈子的学问，重点在于过程中的体验。我们可以通过修行成为开悟的觉者，但依然要路过此生。不惜此生，又何谈来世呢？

勿空：啊！突然想到，您给我起这个法号的意义所在了。

无师：体悟空性，但勿执于空！

勿空：不惜此生，又何谈来世呢？感谢师父指点，我突然就没那么困惑了。

无常的原因

勿空：师父，“诸行无常”是指这世上所有的事物都在生灭变化之中吧？可是我想问，诸行为什么会“无常”呢？

无师：你的问题很棒！我们修行人都知道三法印中的“诸行无常”，却很少有人会问这背后的逻辑。要知道这个答案，就要先认清我们这个世界的本来面目。

勿空：什么本来面目？看起来没啥特别的啊。

无师：这是个充满了不平衡的混沌世界，万事万物都处于为取得平衡而不断变化之中。所以不平衡既是无常的原因，也是这个世界运转的动力，是我们生命的标配。

勿空：啥？我咋没发现啥不平衡的，我觉得一切都挺自然的啊。

无师：你的呼吸、饮食、新陈代谢是源于机体的不平衡，于是从外界索取或释放；学习是因为你自身缺乏智慧；修行是要去除烦恼；工作是要换取生存资源；组建家庭是为了延续生命……我们人类的所有行为都来自不平衡所产生的需求，都在试图建立平衡，包括贪欲、嗔恨、愚痴、傲慢、怀疑，这些也都是来自自我认知的不平衡，从微观到宏观，皆是如此。

勿空：啊！那山河万物也有不平衡吗？

无师：是啊，风雨雷电，山河湖海，春夏秋冬，无不因为不平衡而起变化。也正因为不平衡的存在，整个世界才变得充满活力。

勿空：嗯，那这么看，这个世界好像永远都没法平衡啊？

无师：对啊，知道了不平衡是这个世界的标配，我们就会理解诸如生死、得失、聚散、爱恨，这些不过是生命在不断地争取平衡的过程，一切都在变化当中，再自然不过了。我们因为这些最自然的因果而产生源源不断的烦恼，这不是很愚痴的事吗？

勿空：啊！这么看，我们真的整天都在自寻烦恼啊。

做善事，也需要能接纳“坏账”

勿空：师父，做善事却得不到善报，那我还应该坚持做吗？

无师：你做善事的目的是什么？

勿空：是帮助他人解决问题，渡过难关啊。

无师：这样你不是已经达到目的了吗？应该满足了啊？

勿空：可是对方不懂感恩，我经常遇到白眼狼。

无师：他人是否感恩并不是你做善事的诉求，你用什么样的心态面对才是你的修行。

勿空：那我应该怎么去理解这样的事呢？

无师：比如你帮助了十个人，这里面会有两三个“白眼狼”不懂得感恩，再也不联系。也会有六七个“正常人”感恩你，日后你遇到困难也会帮你一把。还会有一两个“贵人”，会在日后给你带来巨大的帮助，同时能把你的爱心传递给更多人。

勿空：嗯，是这样的。

无师：做善事不一定每次都有好报，但一直行善一定会提升获得好报的概率。所以，我们做善事也需要能接纳有“坏账”的存在啊。别人如何待你是你的因果，你待他人如何才是你的修行。

你焦虑吗？用这个方法去解决

勿空：师父，我每天很焦虑，怎么办？

无师：做好当下的每一件事。

勿空：不是，师父，我是说我每天焦虑，这跟做好当下的事有什么关系吗？

无师：人的焦虑是怎么产生的，你知道吗？

勿空：不知道……

无师：那是由于人们担心事情没有办法按照自己的预期发展，于是预想了很多不好的结果，焦虑便由此产生……换句话说就是，用未来的不确定性来确定地惩罚当下的心情。

勿空：嗯，好像是这么回事。

无师：然而，驱动事情发展的因素错综复杂，结果很难预测。你唯一能做的就是以自利利他的发心，做好每一个当下你认为应该做的事，不对未来的结果产生过多预期，也不要有过多担心，因为不管你愿不愿意，不论结局如何，你都必须接受。

勿空：嗯，是的，我明白了，谢谢师父。

相比看得见的厄运，你视而不见的好运要多得多

勿空：师父，我总感觉自己生活不顺，经常遇上倒霉事，影响心情。

无师：说说看，你都遇上啥倒霉事了？

勿空：那太多了！出去玩扭伤了脚，去买东西丢了钱，跟好朋友吵架，亲人得了重病……倒霉事一件接一件，感觉生活特别不顺，搞得我头都大了。

无师：你没扭伤脚的时候，没丢钱的时候，不跟朋友吵架的时候，亲人没有生病的时候会更多吧？

勿空：呃……那倒是。

无师：你看，相比你看得见的厄运，其实你视而不见的好运要多得多。

勿空：啊？我还真没这么想过。

无师：这世上凡事都有正反，有开心就会有伤心，有烦恼就有喜乐。绝大多数情况是我们都是过着很顺利的生活，只是我们习惯了，对其视而不见了，反而是偶尔的不顺利会被我们放大，强化了记忆。

勿空：嗯，是哦，可这些都很平常啊，能算是好运吗？我为什么都没注意过呢？

无师：那是因为人们只把大喜当作喜，把顺利都看成了平常。

勿空：嗯，我明白了，平常心是福啊。

“无”并不是“没有”

勿空：师父，无常就是没有常态，无我就是没有我，这样理解对吗？

无师：这样理解并不准确。这里所讲的“无”字，并不是指“没有”，理解成“没有”，就会造成理解上的偏差。

勿空：啊？这么多年我一直这么理解的啊，很多师父也是这么讲的啊！如果“无”不等于“没有”，那应该怎么理解呢？

无师：大多数人都会通过字面这么理解，但其实这个“无”字代表的意思是“变化”，“常”的意思是恒常不变，“无常”则代表“一切都在变化”。世间一切事物都在运动变化之中，随缘生灭。“无我”如果简单地理解成“没有”我，很容易掉进逻辑的旋涡，这里的“无”也应该理解成“变化”，“我”这个概念是由不断变化中的肉体和不断变化中的思想组成，并没有一个固定意义上的“我”，这个“我”也处在不断“变化”之中。

勿空：啊！您这个解释很让我受用啊！那您的名字“无师”也是这个意思吗？

无师：对啊，我也是在不断学习、不断进步之中的，如果我停滞不前，也不配做你的师父啊。

勿空：哦，是这样啊，那以后可以叫您“变化师”了，哈哈。

别人如何待我，那是我的因果；我待别人如何，才是我的修行

勿空：师父，我觉得这个社会很不公平。

无师：世界本来就丰富多彩，什么样的人、什么样的思想、什么样的因果都有，如果完全公平，岂不是很无趣？

勿空：您倒是想得开，可是别人对我不好的时候，我还是做不到慈悲。

无师：你是没明白因果与修行的关系，如果明白了，你自会抉择。

勿空：这个世界是因缘聚合的结果，这个我知道啊！

无师：你只知道一半，而且比较泛泛，仅适用于每天的生活。你要知道，别人如何待我，那是我的因果；我待别人如何，才是我的修行。

勿空：哦……原来这才是我们每天修行的功课啊！

无师：没错。别人如何对你，那是前缘的结果，无法改变。但作为修行之人，我们怎样对待他人却是可以选择的，也是未来之因，不可小视。

勿空：嗯，用慈悲心对待他人，结善缘，才是修行的关键。

有没有什么方法可以改变命运？

勿空：师父，我想改变命运，请问有什么方法吗？

无师：有啊！

勿空：啊？真有吗？

无师：真有！想改变命运，你就要知道命运是由什么决定的？

勿空：不知道啊，所以我才觉得没办法。

无师：命运是由你经年累月的习惯决定的。习惯自私自利的人，命运往往给他更多的背叛和算计；习惯抱怨埋怨的人，命运往往带给他更多的烦恼和痛苦；而习惯与人为善的人，命运更多会带给他感恩和快乐。好的处事习惯会改变你的命运。

勿空：可是这些习惯又是怎么养成的呢？

无师：好的处事习惯是由日常生活中点点滴滴的行为组成的。面对每一件事，每一个人的一言一语都能不断地让我们累聚或远离良好的习惯。所以我们时时刻刻都要在意每一次言行。

勿空：这很难啊，做啥事都要留心注意，这超麻烦啊！

无师：这并不难，只要你能改变你的思想方法和认知维度，根本不用专门留意，便可以自然为之。

勿空：那这思想方法和认知维度又怎么改变呢？

无师：靠不断地学习。看，你现在就在改变呢！每天要求自己多一分智慧，少一分愚痴，长此以往，自然改变思想，进而改变行为，慢慢就改变了习惯，最终便可改变命运。

勿空：啊，看来这真的急不得！想要改变命运，需要从当下的认知开始。

无师：是的，一起努力吧。

水深就会沉静，水浅就会喧哗

勿空：师父，我的心情时好时坏，也没个规律，我觉得很痛苦。

无师：坏心情是争出来的，好心情是让出来的。

勿空：此话怎讲？

无师：心情就像湖水一样，水深就会沉静，水浅就会喧哗。心量大，能容得下大石暗礁；心量小，小石头也会激起浪花。心情好，源于你的看淡和放开；心情差，来自你的嫉妒和计较。如果你遇事喜欢计较，再少的利益也都会有争端；如果你习惯看淡，再大的好处都可以恭让。这样想，这样做，你的心情便不会差了……

勿空：嗯，这就是您常说的“心小了，事就大了；心大了，事就小了”，对吧？

无师：是啊。

勿空：可是有时候，虽然自己没怎样，但心里就是怪怪的，不舒服。

无师：凡事总有因缘，如果你的确没能感受到原因，那就更不用在意了！充分去感受这一份“不爽”吧，毕竟也是生命的一种体验，不是吗？

勿空：那倒也是，哈哈，谢谢师父。

你眼中的“他人之过”，恰恰是他解决问题的办法

勿空：师父，所谓“不见他人过”，这个不是有点自欺欺人吗？

无师：你之所以这么想，是因为没有理解“他人之过”的本质啊。

勿空：那要怎么理解呢？

无师：你眼中的“他人之过”，要么是对方的“无意之举”，要么恰恰是他解决问题的方法，只是角度不同罢了。在你看是“过错”，在他看是“办法”。如果他不用这样的办法，或许会面临更严重的问题。

勿空：啊？什么意思？我不是很理解。

无师：没有任何一个行为是没有理由的。对方的言语和行为都有他潜在的目的，要么是舒缓压力，要么是排解情绪，要么是避免恐惧，要么是获得认同，抑或是逃避孤独。总之，都是在以最低的代价博取尽量大的慰藉。感情如此，生活如此，事业也如此。

勿空：哦？这就是人和人之间产生矛盾的原因吧？

无师：是啊，家长和小孩子、老板和员工、亲人和朋友、兄弟和恋人，所有人与人交往的时候，都是这个逻辑。这也就是站在自己的立场指责“他人之过”，并不会得到真正“正向回应”的原因。因为你眼中的“他人之过”，恰恰是他解决问题的办法，这又怎么会产生“共识”呢？

勿空：嗯嗯，可是那要怎么办才好呢？

无师：遇到问题，唯一的解决方案就是设身处地站在对方的角度去理解他，别无二法。当你真正理解了，问题和矛盾自然也就化解了。指责无意，徒添烦恼。任何人的“有意之举”你都是改不了的，就像你叫不醒装睡的人一样啊。

勿空：啊！我明白了，谢谢师父指点。

“放下屠刀，立地成佛”原来是这个意思，我误解了好多年

勿空：师父，为什么坏人只需要“放下屠刀”便可立地成佛，而好人却要经过九九八十一难才能成佛？

无师：这个问题中你有两个误区，所以才难以理解。

勿空：哦？我误解什么了？

无师：你误解了“好人”和“坏人”以及“放下屠刀”这两个概念。首先，这个世界上并没有绝对的好人、坏人之分，我们所有人都是站在自己的立场在追求利益最大化。如果私心过大，便会侵害到他人的利益，就会被认为是坏人，但这个界限是非常模糊的。

勿空：那倒是。生活里的坏人其实可能就是那些“贪、嗔、痴”都非常重的人吧？

无师：没错。“贪、嗔、痴”就是他们最大的障碍，不过这个障碍我们每个人都有，只是程度不同。我问你，如果他们彻底放下了“贪、嗔、痴”，你觉得会怎么样？

勿空：任何能够彻底放下“贪、嗔、痴”的人，我觉得都非常值得被称赞。毕竟做到这一点非常不容易。

无师：非常好啊！你已经解决了你的问题了。“放下屠刀，立地成佛”说的屠刀正是指“贪、嗔、痴”，并不是说屠夫用的菜刀。你看，答案是不是很清晰了？这里的“屠刀”是指每个人心中的“贪念、嗔恨和愚痴”。如果你真的能放下心里的这把“屠刀”的话，那么你当然就是觉悟之人了。

勿空：哦！我懂了，这句话原来是要我们每个人放下“心中的屠刀”啊！！！

无师：人痴迷、执着于自我而产生的“贪、嗔、痴”，才是真正的“屠刀”，

也是学佛悟道最大的障碍，远离妄想、抛弃分别、放下执着，你便是佛！

勿空： 啊！这下我是真的豁然开朗了，谢谢师父指点！

秘诀

勿空：师父，想取得事业上的成功有秘诀吗？

无师：有的，而且有两个，一个叫“善意的动机”，另一个叫“利他之心”。

勿空：我怎么感觉像鸡汤啊，听着有点虚。有没有实实在在的秘诀呢？

无师：你觉得像鸡汤，是因为你没有细品它的味道。我来告诉你这里面的真实逻辑，你就不这么认为了。

勿空：嗯嗯，您说说，我听听。

无师：先说第一个。我们人的每一个行为，都源于自己内心的动机，你骗得了他人，骗不了自己。你的不善之念早晚会体现在你行为的方方面面。而且他人早晚都会察觉，于是矛盾便会产生，障碍随之就出现了，你的事业就会有很多违缘。反过来也是一样的，你善良的动机，即使你不刻意表露，依然会被周围的人发现，然后带来顺缘。

勿空：您说的有道理，但是做事业不是要挣利润吗？利他怎么挣利润呢？

无师：利他之心看起来吃亏，但你要知道，没有任何一份伟大的事业是靠你一个人能完成的，越伟大越需要团结更多人。在一个企业里，创始人首先会被认为是自私的，然后大家会通过方方面面的事，试图印证这个观点，所有企业几乎都是这样。但如果你让所有合作者发现你抱持着一颗开放利他的心在跟他们合作，处处考虑合作者们的利益，大家就能够卸下心里的忌惮，努力和你一起完成事业，这不正是成就事业的基础吗？

勿空：啊！原来这不是空话，的的确确逻辑缜密啊。

无师：没错，善良的动机与利他之心，就是事业成就的两个秘诀，不仅要喝下去，还要消化掉才行啊。

勿空：哈哈，这两副“药”真当鸡汤喝了就浪费了。不仅做企业要用，其实做什么事都需要用到，是吧，师父？

无师：必需的。

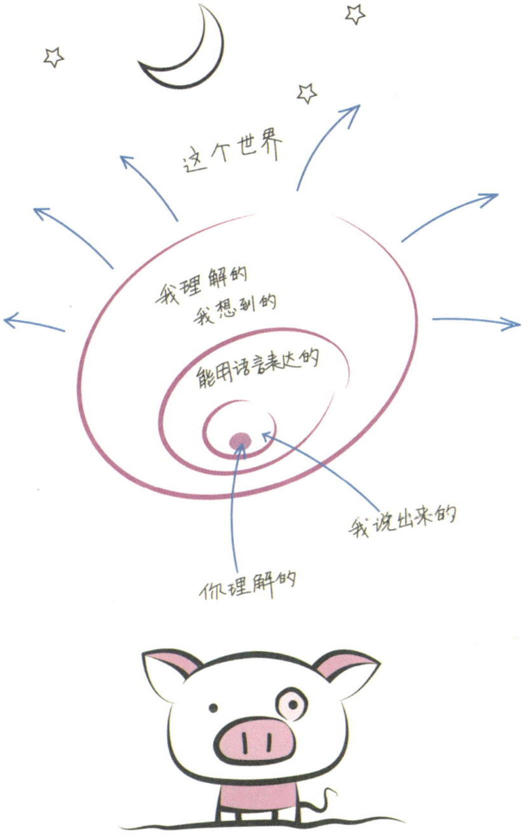

误解就是这么产生的

要么措手不及，要么感恩满满

勿空：师父，要怎么做才能内心充满感恩之情？

无师：了悟无常。

勿空：了悟无常和心存感恩有什么关系呢？

无师：你如果相信并追求永恒，那么任何时候都可能感受到措手不及。而如果你相信无常，那么面对一切自然感恩满满。一切事物、情感，包括我们自身，都在变化当中，没有任何针对永恒的承诺可以兑现。出现在身边的任何人，任何事都是因缘聚合的结果。所以感恩你所拥有的，便是很自然的事了。

勿空：嗯，那面对不好的事，也要抱有感恩的心态吗？

无师：我们普通人所经历的事，绝大多数没有绝对意义上的好坏。好与坏只是站在事物的不同角度或时点去做的判断，对我们不好的事，可能对他人就是好的；现在不好的事，或许在未来有他的重要意义。凡事最终都会取得平衡，所有的事件既是前因的结果，又是未来的前因。抱有感恩的心态去面对，事情才会向好的方向发展。

勿空：可遇到烦心的事，我还是很难用感恩的心态去面对的。

无师：面对让你烦恼的事，要么接纳它，要么改变它，但决不要抱怨它，因为抱怨毫无用处！

随缘可不是随便，一字之差，天壤之别

勿空：师父，我们什么事都随缘，在日常生活工作中不是会很消极吗？

无师：随缘可不是随便哦。一字之差，谬以千里。缘起缘灭，不随缘的话，我们是什么事都没办法做的。

勿空：啊？听起来差不多啊，很佛系。

无师：随缘是指随顺因缘，随机应变，虽然机缘千差万别，诱惑层出不穷，但本心不变，不为所染。随缘既不是随便，也不是无所谓，更不是爱咋咋地。

勿空：显然很多人都误解了随缘的意思，把随缘理解成了玩世不恭的态度。

无师：嗯，随便是在因上就放弃了努力，是消极的态度。而随缘与随便虽然只有一字之差，但却是随因缘变化不断精进的处事方式，积极进取，别理解错了哦。

勿空：嗯嗯，弟子记住了。

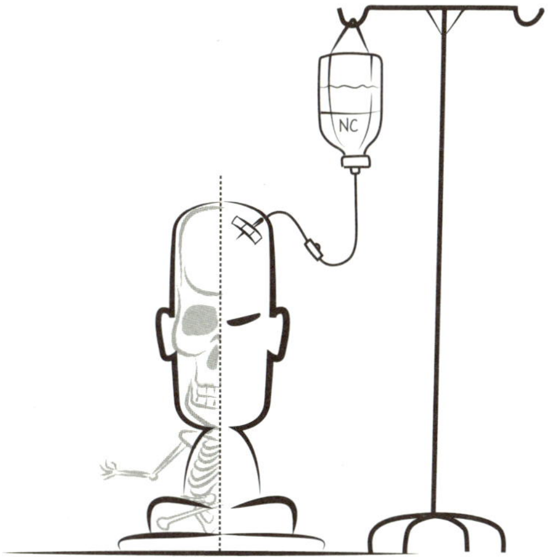

命运就是你自证预言的过程

勿空：师父，命运是可控的吗？

无师：是的，你基本会按照你所想、你所说和你所做的方式来呈现你的命运。

勿空：嗯？您这是什么意思？我没听懂。

无师：换句话说就是，命运就是你自证预言的过程。

勿空：您的意思是说，我想什么、说什么、做什么，命运就会按照我想的、我说的或我做的来发展，是吗？

无师：是这样的。你日常习惯的思维方式和语言行为造就了你遇到问题时的处理方式。比如你整天抱怨生活太糟糕、环境太压抑、周围的人不值得信任，那么你整个的心境就会陷入其中，即使有所好转，你也会觉得那不过是暂时的。而真正等事情变得糟糕了，才会从侧面印证你是对的，于是你就会对自己说："你看，我说的没错吧？"这就是自证预言的过程。

勿空：好像真是这样的。很多人喜欢整天抱怨，遇到什么事都会觉得社会对他不公，而往往他的生活真的就如他所说一般糟糕，于是也就印证了他所预言的正确……

无师：对的，可见自己的清净之心有多么重要，负面的情绪能够带来负面的生活。反过来，正知正念也同样会被正态的生活所印证。所以我们都应该常常打扫自己内心的院子，让正知正念充满自己的思想和言语，这样你就会发现你的生活自然会印证你心里的预言……

勿空：嗯，我懂了，我会这样去做的，谢谢师父！

十月主题：自在与孤独

孟冬的观想

之所以累，是因为能左右你心情的人和事太多了

勿空：师父啊，天苍苍，野茫茫，感觉每天心凉凉！生活好累！

无师：感觉累，归根到底就只有一个原因。

勿空：啊？这么简单吗？是什么原因？

无师：因为能左右你心情的人和事太多了！

勿空：嗯，我的确很容易受他人影响……

无师：你看，如果熟人的成功或失败，好友的幸福或痛苦，亲人的离去或变故，感情的来到或消失，甚至天气的变化、路人的眼神都能影响你，或者让你活在他人对你的看法里，你的心当然就很累了。人不过悲欢离合，月无非阴晴圆缺，不悲不喜，随缘自在，这样就不会累了。

勿空：可是人就是感情动物啊，这些都影响不到我，那我该多无情啊？

无师：你要知道，这便是生活的常态。除了你自己的心情，其他事情绝大多数你都无法左右，也都与你无关，不必积累在心里。试着每天晚上让自己“死”一次，告别之前的种种，有再多的不开心，也把它忘掉，第二天早上重新面对生活。每一天都是你余生的第一天，别浪费了。

彼岸到底在哪里？怎么才能去啊？

勿空：师父啊，彼岸到底在哪里？我要去哪里找呢？

无师：你都去哪里找了呢？

勿空：我去了西藏，去了印度，去了尼泊尔，还去了斯里兰卡……

无师：嗯，那你找到了吗？

勿空：没有。其实我还是很迷茫，所以才会问您。

无师：其实，见性成佛即是彼岸。

勿空：那怎么才能见性成佛呢？

无师：来，我问问题，你回答，咱们一起帮你找答案。

勿空：嗯。

无师：山有山的性，水有水的性，你要找的是谁的性？

勿空：自己的。

无师：嗯，对啊，那些大自然的性交给科学家去研究就好了，我们要找的是我们自己的本性。那谁会有资格见到你自己的本性呢？

勿空：是师父吗？

无师：错。除你之外的任何人都只能看到一点点你的外在表达，那怎么可能见到你的本性呢？我再问你，明心见性，明的是谁的心？见的是谁的性呢？

勿空：自己的。

无师：对啊，所以你发现了吗？你去世界各地，哪怕登上月球去找，也是找不到的，这是为什么？因为你走错方向了！

勿空：啊？走错方向？

无师：对。你的无价之宝在你心里，你向外去找，怎么能找到呢？

勿空：啊！要往里走？

无师：这世上，唯一有资格见到你的佛性的，只有你自己啊，而且它具足圆满，就藏在你心里。你慢慢地剥离你的贪念、嗔恨、愚痴，它就能显现出来了。

勿空：啊！那这么说……这彼岸……

无师：彼岸就在你心里，妄念不生即是净土，还去哪里求？

勿空：啊，谢谢师父，我豁然开朗了。

无师：送你一首偈子，加深理解：

看透则心无挂碍，

满足便随性清净，

放下得平安喜乐，

此生即彼岸自在。

痛而不言，笑而不语

勿空：师父，我学习了这么久，还是觉得遇事自己处理不好。

无师：我们做事，很多时候是做给别人看的，不是做给自己，于是平添了很多烦恼。

勿空：这个怎么说？

无师：你看，小孩子摔了跟头时，如果有人在周围，他就会大哭以求得同情，但如果周围没有人，他只会哭一下，然后继续去玩，因为他知道，哭也没有人能听到。我们成年人也是一样，做很多事其实只是希望让别人知道而已。

勿空：呵呵，是哈。

无师：你在朋友圈晒自拍，不过是想让朋友们给你点赞说你漂亮；在办公室下班不走，不过是想让老板认为你工作努力，对得起他给你的那份薪水；等等。我们修行的人，其中一门功课就是要去掉这一层伪装，真正为了初心而做事。

勿空：啊，我明白一点儿了，那我要怎么做才对呢？

无师：教你个简单的方法："痛而不言，笑而不语"。当你痛苦的时候，不要为了让别人知道而表露，那样会抵减你的信心，增益他人的烦恼；当你遇到开心的事时，也不要因为期望让别人知道而表达，那样也会增益你的傲慢，平添他人的嫉妒。一个人内心成熟的表现便是：痛而不言，笑而不语！

越简单越自由

勿空：师父，每天我有好多事要去做，忙死了……

无师：嗯，人们习惯把日子过得越来越复杂，是因为欲望越来越多，于是要做更多的事、去更多的地方、取悦更多的人，整个人活在复杂的情绪当中……

勿空：是啊，脑容量都快不够用了，生活好复杂。

无师：你有没有想过，其实生活本来很简单，是你把它过复杂了。

勿空：是吗？

无师：这个世界并不像你想象中的那么关注你，你的言行除了你自己，基本上不会影响谁或改变些什么。你换位思考一下，你每天遇到的朋友、同事或其他人，他们过得如何，会在多大程度上会影响到你呢？你会在意他们的生活吗？

勿空：嗯，绝大多数人的生活我根本不会关注，朋友和亲人我会关注，但说到影响，其实很少，毕竟我有自己的独立生活。

无师：对啊，换作别人，也一样不会在意你的言行，是你把自己看得太重，自己想得太多，把生活过复杂了。简单地做你自己认为对的事，简单地和你喜欢的人交往，简单地学习，简单地生活，把日子过得简单些，再简单些……

勿空：嗯，是，是我自己想多了。不过，学佛本身就已经很复杂了，还怎么简单呢？

无师：我们学习佛法也是一样，佛经浩如烟海，你不可能也没有必要每一本都去读；上师和法门也一样多得很，更没有必要每一门都去学，每位师父都去拜。佛陀一定不希望他的思想用很复杂的形式传递下去，他老人家想让我们体会到的佛法一定也是简单而平和的。我们的心性越简单越自由。那颗藏在你心里的觉悟种子，一直在那里平和、安静地等着你去发现。把心静下来，简简单单地生活和体验，你便会找到它。

勿空：谢谢师父指点，是我太浮躁了……

孤独是生活的常态

勿空：师父，离群索居，您不觉得孤独吗？

无师：孤独是生活的常态。在繁华的闹市也好，在幽静的山林也好，都是一样的。孤独并不是环境上的独处，而是心境上的空旷。处在人群之中，但是没有人能走进内心，也是一样地孤独。

勿空：那要怎样才能不感到孤独呢？

无师：孤独并不可怕，也是值得体会的心境。有孤独的感觉，说明你的内心很柔软。其实每个人的内心都很少有人能够真正走进，里面住着你的佛性，只有你自己才有机会去触碰。当你感到孤独的时候，学着与自己相处，摘下那些世俗的面具，去找寻你内心的那份宁静……有些情感需要一个人体会，有些路需要一个人走……

勿空：嗯，但是这很难，有没有简单的方法克服孤独感呢？

无师：跟自己相处是一门艺术，需要长时间的学习。朋友就是那些有机会走近你内心的人，只是走进去容易，走出来难。学会倾诉、倾听和与之共情，会让你和你的朋友的心靠近，这是简单的方法。不过，最终你人生要面对的绝大多数问题依然还是需要靠你自己去解决，还是需要学会独处。

凡能保护你的，也在限制着你

勿空：师父，自由从何而来？

无师：当你不再在乎他人对你的看法，不需要外界保护时，自由就在了。

勿空：接受保护，使自己有安全感，这不是很好吗？为什么会限制自由？

无师：不论是对事还是对情，凡能保护你的，同时也是在限制你，唯有自身足够强大时，才会感受自由。往往你越是竭尽所能去呵护、花尽心思想要去保护的，越是不容易成长，到头来，安全感和舒适区反而限制了对方。

勿空：那我们修行也是这样吗？

无师：是的。修行跟生活一样，不会一帆风顺。想要收获般若智慧，不经历苦难和挫折是不行的。如果弟子对师父唯命是从，从不质疑，这同样是陷入了舒适区，很难拥有智慧的跃升。

勿空：啊？可是师父您是我的向导啊！跟随您的指引我才能觉悟啊！

无师：一个修行人找不到自性、无法获得自在，才会依赖于他人。修行的道路最终都是要一个人走，师父只是教给你方法，引你上路，你要自己去发掘自性的光芒，而这才是你需要从师父那里学的精华。当你不再需要外界的保护时，就是你获得自在的当下。

慈悲和自在

勿空：师父，怎样才能做到慈悲，又怎么做到自在呢？

无师：放下对他人的成见就是慈悲了。

勿空：可是有些人就是做了不好的事，让别人怎么能没有成见呢？

无师：嗯，有分别的慈悲并不是全然的。真正的慈悲就像太阳光，普照万物，不论你是英雄还是囚徒，不论你是小鸡还是虎豹，它都没有分别。我们人和其他有情生物，以及江河山川，都是自然之子，没有本质分别。

勿空：啊，看来真是我自己狭隘了。那自在呢，怎么获得？

无师：放下活给别人看的心态，你便获得了自在。

勿空：这个好像容易做到一些，但怎么才能放下呢？

无师：你换位思考一下就知道了。你对他人的看法和评价跟那个人有多大关系吗？每个人这一生都在不断探索和体验生命带给我们的感受，与其他人的眼光毫无关系。在意这些，就是在给自己的生命套上枷锁。反之，不在意这些，你就自然获得自在了。

勿空：嗯，我懂了，谢谢师父指点。

浅浅喜欢，静静爱；深深思索，淡淡释怀

勿空：师父，我都感觉自己都有点抑郁了。

无师：怎么回事？

勿空：您不是说“不以物喜，不以己悲”吗？所以我遇到很高兴的事，也会提醒自己不要太开心，一切都是浮云，这样久了，感觉生活里缺了闪光点，挺压抑的。

无师：傻孩子，你我都是凡夫，被七情六欲所围绕，都是最正常的生命体验，不是说学了佛，你就要用圣者的标准来衡量自己。开心的时候就好好开心，悲伤的时候就好好悲伤，你只要做到能够观察到自己的情绪流动就好了。何况，圣者们的标准靠压抑自己的情绪也是做不到的。

勿空：靠压抑做不到？那怎么才能做到呢？

无师：压抑自己的情绪，虽然表面看上去可能风平浪静，但内心或许依然波涛翻滚，这没有太大意义。其实，你只要学会观察自己情绪的流动就足够了。一旦你观察到了，你就自然从情绪里出来了，并不用刻意地去压抑它。当你的修为足够的时候，你这个问题也就自然不存在了，不用太担心。观察情绪自然地流动，体验他们带给自己的感受。浅浅喜欢，静静爱；深深思索，淡淡释怀。

法无高下，心有大小

勿空：师父，面对其他宗教派别，比如基督徒、伊斯兰教徒，我们应该怎样对待呢？大乘和小乘又有什么本质区别呢？

无师：我先问你，做一个合格的修行之人，最起码的前提条件是什么？

勿空：嗯，是五戒吧？

无师：最起码的条件不是戒律，那只是规范你行为的工具，如果你的心足够清澈，便不需要任何戒条束缚。最基本的条件是拥有一颗博爱、慈悲的心，所谓君子和而不同，无论对方的身份和信仰如何，都应该用开放的心胸去包容、面对。跟你信仰不一致的人，你更需要去尊重，这是最起码的。如果你越修行心量越狭隘，对除你之外的思想越来越不能包容和尊重，你认为那是正道吗？

勿空：嗯，是啊，既然爱一切众生，鱼虫走兽都可以包容，何况是有思想的人呢？

无师：嗯，很好。你如果能够理解这一点，那么在你心里也就不会再有大小的分别。不论是传承了原汁原味佛陀原始教义的“小乘”或者叫“上座部”也好，还是补充了大量哲学思辨的“大乘”也好，抑或是其他信仰门类，当下最适合你的就是最好的。法无高下，心有大小！

我只问你自在了多少？

勿空：师父，怎么能看出一位师父的修为呢？

无师：看他的弟子。

勿空：看弟子什么？

无师：看他的弟子自在了多少？

勿空：嗯？这怎么看呢？

无师：如果弟子们对这位师父唯命是从，从不质疑，面对外界对师父的不同评价也完全不能接受，并且据理力争，那么这样的弟子越多，师父便越失败。

勿空：啊？这不应该是好弟子的表现吗？

无师：并不是。一个修行人只有找不到自性、没有获得自在，才会如此依赖于他人。修行的道路最终都是要一个人走，师父只是教给你方法，引你上路，你要自己去发掘自性的光芒，而这才是你需要从师父那里学的精华。所以你不必宣扬师父如何如何高明，我只看你自在了多少。

勿空：啊！我明白了，谢谢师父。

与孤独签订一个体面的协议

勿空：师父，我如何才能化解因孤独而产生的焦虑？

无师：试着与孤独签订一份体面的协议。

勿空：您这是什么意思？签什么协议？

无师：人，生来孤独。在整个生命历程当中，没有人会真正理解你，包括你自己也根本没有办法完全理解自己。随着岁月的流逝，能够懂你的人会越来越少，直到离开这个世界时，你终会发现，孤独伴随了一生，一味地去追求他人的理解只是在浪费心智和时间罢了。

勿空：啊！是啊，整个一生似乎都没有办法去真正了解自己，更何况去了解他人呢？

无师：所以，这就要求你能够尽早地跟孤独达成一份体面的协议，因为你要和它共度余生。如果不能充分认识它、体谅它、拥抱它、爱护它，你便不能真正地与自己和这个世界相处。

勿空：嗯，是这样的，那要签个什么样的协议呢？

无师：承认孤独在你生命中的地位，感恩孤独带给你的生命体验，在它出现的时候承诺自己能够积极面对，努力从中学习它带给你的启示和内在智慧，最后告诫自己，孤独就是我这一生的挚友，我爱它。

角色越多，越不自在

勿空：师父，我每天都好好打坐，认真学习，可是总觉得不自在，请问这是为什么？

无师：嗯，我看到了，你在打坐、学习的时候是很认真。

勿空：那是当然啦，我要做您的好徒弟，不能给师父丢脸啊。

无师：你看，这就是你不自在的原因啊！

勿空：什么？哪里？我怎么没觉得啊？

无师：学习的时候想成为好学生，工作的时候想成为好员工，在孩子面前希望是个好父亲，在学生面前希望是个好老师……你看，在生活里有这么多角色你要去扮演，你又给自己留了什么位置呢？

勿空：可是，师父，难道我们不应该这样做吗？

无师：做事时简单点，专注于事情本身；学习时简单点，为了自己的成长；相处时简单点，真心付出不求回报……做一切事情的时候都简单点，角色越多，越不自在……

勿空：是，我知道了，谢谢师父。

不用告诉我你有什么信仰

勿空：师父，怎样了解某个人是否有信仰？

无师：信仰不是身份标签，你不用告诉我你有什么样的信仰。

勿空：那怎么区分有信仰的人和没有信仰的人呢？

无师：如果我在你身上看不到慈悲、敬畏、爱、关怀，那么不论你读了多少经，磕了多少头，拜过多少位上师，你依然是没有信仰的。但如果我在你身上看到了这些，即使你不承认自己有信仰，我也知道它就在你身上。

勿空：嗯，我常被问“你信佛”吗？现在这么看，这种标签其实并不重要。

无师：行胜于言。即使你嘴上说信佛，但言行却不依法理，那么跟没有信仰并没有区别。信仰不用解释，有就是有，没有就是没有，你的言行不会误会你，也不会出卖你。

勿空：嗯，我明白了，师父。

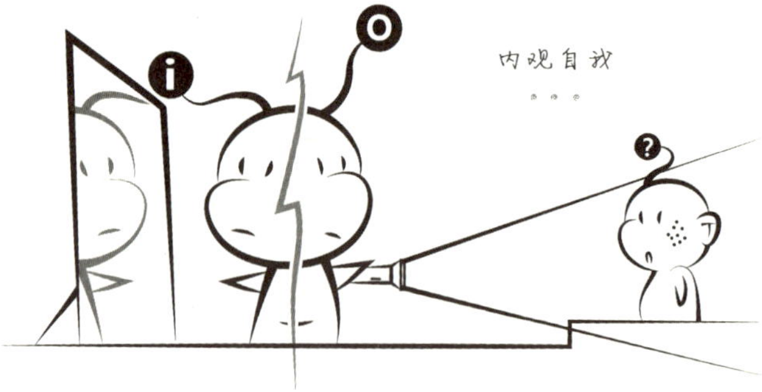

自由与孤独

勿空：师父，我很渴望自由，但是总也做不到。

无师：你能够分清自由与孤独吗？如果分不清，你可能永远也做不到。

勿空：师父，“自由”和“孤独”我当然可以分清了，差别还是蛮大的啊。“自由”我的理解是无拘无束，随心所欲，自由自在的样子；而“孤独”应该是无人关注，独自面对生活的样子。

无师：你想没想过，你描述的其实是一种状态？当你一个人生活、一个人思考、一个人面对世界的时候，你分得清这是孤独还是自由吗？想要做到无拘无束，必然是处于不被关注的状态下。有了外界的关注就会有所牵绊，自然产生约束。这约束或产生于他人、社会，或产生于自身。

勿空：啊！怎么？难道自由和孤独是一样的？

无师：我们很少有能力享受自由，那是因为你需要同时拥有享受孤独的能力。我们因孤独而获得自由，也因为自由而被孤独牵绊。没有纯粹的自由，自由和孤独是共生的，你中有我，我中有你。所以，了解了这些，你还会为感受不到自由而烦恼吗？

你生而有翼，为何喜欢爬行？

勿空：师父，寺院里好冷清，连个说话的人都没有，我有时觉得好无聊啊。

无师：每个人生下来都是孤独的，当你独处的时候那才是真正的自己，学会独处，就是在体会自由。

勿空：可是人不是群居动物吗？大家在一起才有安全感啊！

无师：那只是大家的想法，不是你的。你自己怎么认为，才是最重要的。你本是一个独立的个体，有着独立的世界和独立的思考能力，不必依赖任何人存在，也不用依附于任何人的思想灌输，养成你自己独立思考的习惯。

勿空：是的，师父，我的确很少有自己独立的判断，大多数情况都是人云亦云。

无师：享受孤独吧！我们所有的不安、希求、妄想、执念皆因我们无法独处。你生而有翼，为何喜欢爬行？孤独的时候，正是你思想最自由的时候，也是你快速成长的时候，不是吗？

勿空：嗯，我需要慢慢去体会了……

无师：这就对了，要思考，更要去体验。

正直做人，别给自己找借口

勿空：师父，佛教的戒律很多，又很严格，感觉很不自由，所以很多人不愿意接受。

无师：是吗？不要想当然哦！你看，佛教最基本的居士五戒：杀、盗、淫、妄、酒，这五项难道不是我们每一个人从小就应该遵守的社会道德底线吗？哪一项严格呢？又有什么特殊呢？就算你不学佛，难道就可以不遵守吗？

勿空：啊……

无师：戒律是用来调伏自己内心的，你要知道，因果不虚。这世上所有发生的一切事都有其因果规律，规律虽然错综复杂，很难确定，但是不断做善事，会大大增加得到善果的概率。总做恶事，也一样会不断增加得到恶果的概率。

勿空：嗯，是。

无师：无论你是不是佛教徒，不杀害生命（尤其是人）、不偷盗、不邪淫、不妄语（为自利而骗人）、不酗酒，这五项做人做事的基本规范，是为人正直的根本，都应该自觉去遵守。

勿空：嗯，我明白了，可是喝酒好像没有大碍吧？

无师：在日常生活中，偶尔喝酒的确不会有太大影响，但是我们普通人往往缺乏自控能力，很容易喝大。一旦喝大了，其他那些不正当的事就不受控制了。所以希望认真修行的人，直接不去喝就好了。而且，这个酒也不是非喝不可，如果能够戒掉，也是在调伏自己的欲望之心啊。

勿空：嗯，这么看，居士五戒的确都是最基本的道德规范而已。

无师： 对啊，这些都很容易做到，也是最应该做到的基础规范。正直做人，别给自己找借口……

勿空： 嗯呢。

自由

勿空：师父，我每天遇到各种各样的事情，感觉好烦啊，一点也不自由。

无师：那你觉得怎样才会自由呢？

勿空：我想离开都市，一个人找个清静的地方生活，想干什么就干什么，应该会很自由吧？

无师：其实，那也只是身的自由，你一样会被各种思绪所左右，被各种念头所烦恼。

勿空：那怎么样才能让内心也感觉自由呢？

无师：接受烦恼，解决困难，让情绪跟随心境自然流转……

勿空：您这话是什么意思呢？

无师：意思就是该吃吃、该喝喝、冷了加衣服、困了睡个觉、烦恼来了体会烦恼、痛苦来了感受痛苦、欢喜出现接受欢喜、遇到事情不急躁不烦恼，按部就班解决问题……

勿空：这样听起来跟没有修行一样啊，很普通啊！

无师：能在平凡中心随境转，让情感自然流动，便是自由的境界了。真正的自由不是独处，而是在生活万象中游刃有余，不生烦恼，处处觉知……

“孤独”的奖赏

勿空：师父，有的时候我感到很孤独……

无师：是哪一种孤独？

勿空：啊？孤独还有很多种吗？

无师：有啊，有的孤独代表无奈，有的孤独彰显才华，你的目的不同，孤独的感受也会大相径庭。

勿空：都是孤独，怎么会有这么大差别？

无师：有才华的人一直在找寻属于自己的路，不断思考、实践和探索，必然会感到“孤独”，那是生命给予他们的奖赏；而大多数人只是希望能跟大家走一样的路，但是往往因为不被认可、无法融入而感到“孤独”，这便成了他们成长的障碍。你看，你的目的不同，“孤独”对你就有完全不同的意义。

勿空：啊！我的确是因为不被人理解和亲近，才感到孤独的。

无师：我们每个人都需要独自走过整个生命历程，在这个过程当中，你所接触的所有人和事都只是心灵成长的助缘。他人的路可以拿来参考、学习，但别被他们带走，因为没有人有义务为你的生命历程负责。在生活中打怪升级，只能靠自己。要学会享受孤独。

自在随行

勿空：师父，请问如何获得解脱？

无师：有谁绑着你了？

勿空：呃……这……，好像也没有谁，可我就是感觉不自在。

无师：放下活给别人看的心态，你就能获得自在。

勿空：可是我并没有想活给别人看啊。

无师：问问你的潜意识，你做的哪件事不是为了证明自己？

勿空：啊！仔细想想，除了吃喝拉撒这种事以外，还真不多。

无师：你的心不自由，是因为始终都在活给别人看。年轻时拼命证明自己“比你强”，中年之后证明自己“也不差”，到老了证明自己“还可以”……在意这些，就是在给自己的生命套上枷锁。反之，你就自然获得了自在。

勿空：可是，如果不仅仅是他人的看法，而是他人的行动影响到了我，比如赞誉或者诋毁，难道这些我也要不在意吗？

无师：从赞誉里了解价值所在，在诋毁中发现不足之处，不论做什么事，如果你内心不需要去“证明自己”，而只专注于事情本身，那么原本束缚你自心的“枷锁”都会变成你成长的动力和机缘，自在随行。

十一月主题：认知与开悟

寒月的夜色

开悟的蚂蚁

勿空：师父，开悟是什么样子啊？

无师：话说有一大群蚂蚁生活在树林里，其中有一只蚂蚁很特别，它非常有智慧，悟性很高。它不满足于每天简单重复单调的工作和生活，想要去了解这个世界的真相。于是有一天，它离开了蚁群，独自去修行……

勿空：这不跟我们一样吗，哈哈。

无师：嗯，可是修行并不简单，它每天走啊走，想啊想，虽然极度烧脑，但是它很幸运，独自修行了很久。终于有一天，它开悟了，它悟到了山河大地，也悟到了地水火风，了解到了蚁群的生老病死，甚至悟到了人类的强大和蚂蚁的弱小。

勿空：哇！这就厉害了！

无师：开悟以后，它感觉身心都自在了，于是沿原路又走了很久返回了蚁巢。蚂蚁们听说它悟到了真理回来，于是都围在它身边，问它这个世界到底什么样子，开悟是什么感觉。

勿空：嗯呢，它怎么回答呢？

无师：它对所有蚂蚁说：“都别胡思乱想了，好好做一只蚂蚁！”

生命本来的样子，便是乐土

勿空：师父，乐土在哪里？

无师：我给你讲个小故事，你就知道了。

勿空：好啊好啊。

无师：有一辆开往乐土的火车，上面坐满了乘客。一位老人坐在车里睡着，胸前挂着一个牌子，上面写着："到达乐土，请叫醒我。"车就一直开呀开……

勿空：我猜没有人会叫醒他吧？因为不会真正抵达乐土……

无师：不是。所有人都默默地坐着，等待抵达乐土。只有一个天真的小女孩，在车厢里一直蹦蹦跳跳，一边哼着歌一边看着风景。过了一会儿，她跑过去叫醒了老人。老人问："这里是乐土了吗？"小女孩回答："是啊是啊，这里是乐土，好美啊……"车里的人都望向了窗外……

勿空：啊！

无师：你看，乐土，就是你那颗正直善良的心，你走到哪里，就照亮哪里。一个善良的人就像一盏明灯，既照亮了周围的人，也温暖了自己。所以，请保持你内心的光，因为你不知道谁会因此走出黑暗。

所念即所得

勿空：师父，这个世界是什么样的？

无师：你问了一个非常好的问题！这个世界就是为你设计出来的，世界就是你想象的样子，你就是这个世界的中心，你的心念成就你的一切。

勿空：啊！可是为什么事实上我想要得到的却往往得不到呢？这不正是三苦之一的“求不得”苦吗？

无师：生活本就是充满挫折的，“求不得”再正常不过。但是只要你充满信心，那些挫折只会带给你经验，增加你的智慧，让你吸取教训，不断地鼓起勇气前行。但如果你的信心不足，你就会被挫折压垮，不是吗？

勿空：嗯，是这样的。

无师：你足够强大的信心会让周边所有人感受到，然后为你匹配更多的价值和能量，你就可以更进一步地接近目标。

勿空：您说的这个就是吸引力法则吧？

无师：这个吸引力法则还有一个决定性的制约因素，那就是：你的成功，来源于有多少人希望你成功；你最终能得到的，也受限于有多少人希望你得到。所以，你知道自利利他的重要性了吧？

勿空：嗯，做让更多人受益的事，就会有更多人希望我成功。

无师：完全正确！你想要的成功如果来自自私的发心，就会被限制；如果来自利他的目的，便会被放大。所以，你知道该怎么去做了吗？

勿空：知道了，谢谢师父指点。

走这一趟，别白来！

勿空：师父，人生在世，为何而来？

无师：想要弄清楚这件事，需要从终点思考。

勿空：什么叫从终点思考？

无师：这是禅宗常用的方法："念死"。想象你走到了生命的终点，回看一生，你最终得到了什么？错过了什么？留下了什么？后悔什么？遗憾什么？

勿空：嗯，我想了一下，貌似什么也没留下啊！钱留不下来，情也留不下来，连我都会很快被人遗忘，可能遗憾就在这里吧，但也无济于事啊。

无师：站在生命的终点，你会发现，这一趟旅行，从生到死，不为利来，也不为情来。你死了，除了亲人会为你难过一阵子，其他不会留下任何印记。如果你忙碌一生，把大把的时间都浪费在最后完全带不走的事情上，也许你会因此后悔为什么活着的时候没有充分的体验生命给予你的无限可能，没有创造能够留下的印记呢？

勿空：嗯，是啊，这个会有遗憾，那怎么办呢？这一生到底为何而来呢？

无师：为了这两件事而来——体验和创造。

勿空：是指生命体验和创造价值吗？

无师：人生丰富多彩，你有无限的可能去体验这滚烫的人生，不论是高峰还是低谷，以及充斥在整个生命历程中的喜怒哀乐，都是完美的体验。

勿空：那创造又是指什么呢？

无师：创造在这个世界上并不存在的事物，留给后人，比如你独特的思想体系和智慧、优秀的可以长期生存发展的事业，当然也包括新的生命，这些都可以留在这个世界上。为了让这个世界变得更加美好，去做让更多人受益的事。

勿空：嗯嗯，体验和创造，的确很重要。

无师：走这一趟，别白来！

你不是正坐在菩提树下吗？

勿空：师父，释迦牟尼是坐在菩提树下开悟的，我们要不要也去找找有菩提树的道场？

无师：我不知道你在不在，反正我正是在菩提树下修行。

勿空：师父，您这身后明明是堵墙，哪有树啊？

无师：我身就是菩提树。

勿空：啊……天哪，弟子惭愧，您这么一说，让我如梦方醒。

无师：你早该醒醒了，此心即是道场，你还要到哪里去找？

勿空：弟子实在愚痴，一心外求，才落得这番糊涂。

无师：能意识到自己的愚痴，说明你很聪明。身在林中，菩提树就种在林中；身处闹市，菩提树就栽在堂前。我们修行之人修的是心，不需要形式上的外境。行住坐卧，随处都是你的道场。

勿空：这次弟子真的悟到了，谢谢师父指点迷津。

你所有的认知都可能是错的?!

勿空：师父，我如何能判断我的认知正确与否呢?

无师：不用判断，你所有的认知都可能是错的!

勿空：啊?您太打击我了!

无师：不要执着于任何你认为正确的认知，保持对所有观念的怀疑，才有可能进步。

勿空：可总应该有一些观念是正确的吧?

无师：所谓“正确”都是相对的。只是在一段时间内或从某一个角度看，相对正确而已。这个愚痴的“痴”字，是由“疒”+“知”组成，很形象，即“错误”的“认知”。人们把持着错误的观念又不自知，那就是愚痴了。

勿空：那我认识到了错误，不就是正确了吗?

无师：我们成长的每个阶段都会不断地否定之前的认知，而你新的认知也很可能在未来被颠覆。所以，保持一颗不断求索的心就好了。保守和固执是你进步最大的障碍。

勿空：那您的意思是，不存在绝对的真理喽?

无师：诸行无常，不存在恒常不变的事。凡事加上“绝对”二字就已经走偏了。金刚经有云：“法尚应舍，何况非法?”

随处都可开悟，障碍只在自心

勿空：师父，都说“依法不依人”，那请问我到底应该拜哪位老师，跟谁去学呢？

无师：这个问题对你来说很纠结吗？

勿空：是啊，师父那么多，门派又各异，教法都不同，我真的很纠结。

无师：我来问你，你看世界上有那么多知名的大学，清华、北大、哈佛、剑桥、MIT……里面又有非常多的学科，教授都是学识渊博的顶级导师，而你现在是一个刚上小学的小朋友，你应该选择跟谁去学习呢？

勿空：啊？这怎么选啊，选哪个我都听不懂啊！您觉得我应该跟谁学呢？

无师：那还用说，当然是先跟你的小学老师学啊！小学毕业了会有中学老师教你啊，中学毕业了会有大学老师教你啊，然后还有社会老师教你啊……

勿空：啊！那您的意思是？

无师：跟你身边所有比你认知高的人去学习。当你的认知到了那个层次，自然会有更高层次的学习对象，这有什么可纠结的呢？如果你能把自己的心态放得足够低，那么所有人都能成为你的老师。心不染尘，万物为师。随处都有开悟的机缘，障碍只在自己心里啊！

心瞎，眼再亮也没用

勿空：师父，给我点开示吧。

无师：自己悟！

勿空：别啊，您可是我师父，有责任带我哦。

无师：那今天就说说你的三个毛病吧。

勿空：我又咋啦？我啥也没说啊？

无师：首先，你潜意识里总期望从他人那里得到启示。

勿空：哦？是吗？我没太注意。

无师：其次，你不愿意自己去察觉和理解。

勿空：我……我悟性差……您知道的。

无师：再次，你总是坚定地认为自己没有这个能力！

勿空：完了，您是一点面子没给我留啊。

无师：你不用不好意思，这并不是你一个人的问题，而是所有人的毛病。

勿空：哦，这我就放心了。这个很严重吗？

无师：是。缺乏自我的思考、判断和体察便很难开悟，你内心的佛性才是我们修行要去探索的，外境都只是参考。心瞎，眼再亮也没用！

四种“真相”

勿空：师父，我想了解世界的真相，请您教教我。

无师：我教不了你，因为并没有“真相”这个东西。

勿空：不会吧？事情发生总会有个“真相”啊，您怎么说没有真相呢？

无师：要说有，也有，而且有四种，各不相同。

勿空：不是“真相只有一个”吗？

无师：不是，每一件事都有四个“真相”，你认为的真相、我认为的真相、他人认为的真相，还有一个是真相本身……你想了解哪个？

勿空：啊？我想了解真相本身。

无师：每个人都是从自己的认知角度和维度去认识事物，没有任何一个观点不带有主观意识和偏见，但有所见，皆是虚妄。你想了解的那个“真相”实际上不存在，也没人能描述。即使有人很接近，而且能描述，你站在自己的角度也不会认同。所以不要费精力去找了，“真相”其实“空”无一物！

勿空：啊？！那怎么办？

无师：什么怎么办？你不是活得好好的吗？知道了有四种不同的“真相”，你就不会为不同的意见和观点所左右，坦然面对偏见，放下执着，把握当下。

人很伟大吗？不，人超级渺小！

勿空：师父，人发现了这么多真理，是很伟大的吧。

无师：并不是。人类超级渺小，世界上也并没有绝对的真理，我们只是在不断深入地了解自己和这个世界罢了。

勿空：可是您看，现代人类的行为已经足以影响地球，可见人类已经很伟大了啊。

无师：那是因为人类本身太自大了。46亿年来，地球经受了陨石撞击、大陆漂移、磁极互换、气候变迁，但它永远都能取得平衡。人类的行为只能影响自身，若失去人类，地球并不会有什么变化。

勿空：啊，那这么看，地球的确是很伟大啊！

无师：地球也很普通，很渺小。

勿空：不会吧？地球能孕育生命，而且幅员辽阔，用走路的方式走一辈子也走不完一周，这上面生活着70多亿人，真的好大啊！

无师：对于我们人来说，地球超级大。不过，海王星的体积是地球的50多倍大，土星的体积是地球的800多倍，木星的体积是地球的1300多倍，太阳的体积是地球的130万倍。

勿空：我的妈呀！这也太大了，怪不得有的宗教崇拜太阳！太阳真的好大！

无师：其实太阳也很渺小，北河三的体积是太阳的70多倍，大角星的体积是太阳的9200多倍，参宿七的体积是太阳的45万倍，猎户座一等星的体积是太阳的20亿倍，盾牌座UY是太阳的45亿倍……

勿空：完了，师父，我脑容量有限，已经堆栈溢出报警了……

无师：了解了这些，你还觉得人类很伟大吗？

勿空：啊！这么看我们岂不是太渺小了吗？

无师：对啊！在宇宙里，太阳系就像恒河里的一粒沙，地球就是一个微小的点，甚至连点都算不上。

勿空：那人又能算什么呢？是什么勇气让人如此自大呢？

无师：因为在这个微小的点上，每个你认识的人，每个你爱的人，每个曾经存在过的人，都在这里过完一生……

勿空：呜呜，总算还有些感动。

无师：这里集合了所有人们能体验到的悲欢离合，喜悦与痛苦，数以千计的自信满满的宗教体系，无数的文明创造者和毁灭者，无数医生与病患、情侣与仇敌、超级巨星与贩夫走卒、历史的罪人和伟人、智者和愚人，他们都在这渺小的世界里生活过，又归于这里。虽然我们都超级渺小，但并不妨碍我们用我们渺小而短暂的一生去了解这个世界和我们自己。去吧，去吧，去发现更多的真相吧。

怎么知道我学对了没有？

勿空：师父，学佛这么多年，我怎么知道自己到底学对了没有啊？

无师：我给你几个日常生活能体会到的简单方法，你对照看一下就知道了。首先我们学的是解脱之法，那你学了之后，当你面对生活中遇到的问题时，应用所学，是否能感觉到解脱呢？如果感受不到，反而是更加焦虑、痛苦，那就需要反思了。

勿空：啊！后背一阵发凉……

无师：第二个标准是，你学习的时候是否开心，内心充盈着喜悦？如果还是愁眉苦脸地面对生活，那你大概率是学偏了。

勿空：嗯，感受很重要。

无师：第三个标准：在与他人的关系上，你是不是成功地让家庭矛盾越来越少？是否让周围的人心生欢喜？是否越来越能包容、理解他人，可以与这个世界和谐相处？

勿空：哎，我貌似还没做到……

无师：佛法就是活法，需要落实在生活当中，落实在行为的当下，不是只挂在嘴边的教条，要付诸行动。加油吧，少年。

你知道的并非事实

勿空：师父，事实到底是什么？

无师：没有事实，换句话说，你永远不会知道事实。

勿空：啊？事实总会有的吧？怎么会没有呢？不然怎么叫实事求是呢？

无师：你所知道的都是你想知道的，那些并非事实。事实还包括你不想知道的。

勿空：啊哦！您是说事实也有主观性的？

无师：从另一个角度来说，你所知道的都是别人想让你知道的，并非事实，事实还包括别人不想让你知道的。

勿空：那怎么才能接近事实呢？

无师：多听不同意见，接纳多角度的不同思想。每个人的视角、思考方法和认知维度都是不同的。思想和思想的碰撞是乘法，接纳不同思想会让你快速地接近事实，拒绝自己不喜欢的思想只会让你故步自封，得不到成长。

勿空：嗯，看来我还是太自以为是了。

无师：没有什么绝对正确的事，也没有 100% 的“事实”，一切呈现都是因缘聚合的产物，都处于随着时间流转变化之中。一味地去追求事实，最终只会失望而归，或者自欺欺人。

“开悟”不是目的，而是蕴含在每时每刻中的那份熟悉

勿空：师父，我希望能够早日开悟，得大智慧！

无师：“开悟”是指“开始”“觉悟”，它并不是修行的终点，反而是修行的起点，它就蕴含在我们生活中的每时每刻，你别搞错了。

勿空：啥？可是我一直觉得“开悟”这件事遥不可及啊？怎么只是起点呢？

无师：其实，悟与不悟，一念觉知！从“证明自己正确”转向“发现自己错误”的这一瞬间，便在了。

勿空：没明白……

无师：所谓“开悟”，就是终于发现原来自己之前想错了、做错了。任何一件事，不论大小，只要你突然发现“哦！原来是这样！我之前都理解错了，这回终于找到答案了”，显然，你就在这件事上“开悟”了。

勿空：啊！原来这样啊！“开悟”这个概念在我脑子里一直模模糊糊的，始终不知道在哪儿去找，原来就在身边啊！

无师：对啊，可是大多数人意识不到这一点。他们每天都在用各种方式想方设法去印证自己的正确，这样如何“悟”呢？身边的问题是小疑小悟，通过不断地学习积累，慢慢地从量变到质变。如果人生中的大大小小问题你都逐一找到了答案，那便是大彻大悟的大智慧了。

勿空：啊！原来我以前都想错了啊！

无师：哈哈，你看，你在这件事上就开悟了，恭喜！

勿空：啊！我懂了，原来“开悟”没那么神秘，随时随地可以做到啊，谢谢师父。

超越信仰

勿空：师父，信仰到底是什么？有啥用？

无师：信仰是让你内心强大的工具，它能让你敢于面对生命的挣扎与苦涩，培养内在的慈悲。

勿空：那我有了信仰，是不是就可以自在随行了？

无师：还不行。信仰只是工具，拥有信仰并不是修行的目的，只是手段。如果你能超越信仰，超越一切的存在与限制，你才是一个自由自在的人！

勿空：那我该如何做呢？

无师：在你处于混沌迷茫的时候，利用信仰让自己坚定勇敢。当你走出迷雾以后，探索前行、超越信仰、得大智慧。

勿空：那我怎么知道到什么时候可以不依赖信仰了呢？

无师：你还有问题吗？

勿空：啊？什么？我有很多问题啊！

无师：那就还没到！

勿空：哦！！！

修行并不是让我们有所得，而是让我们发现本无所缺

勿空：师父，我们应依经典而行以达开悟。

无师：那样你永远无法开悟！

勿空：师父，您的观点怎么总是这么奇怪呢？依经而行，这难道也错了？

无师：学习经典没有错，也是必需的，但经典只能引你入道，解脱还在自性。你要知道，听闻佛法只是解脱之道的第一步，之后要进一步做的是思考，然后再去修为实践，以达到自性成长的目的。经典只是佐证你自性的证据，经典本身并不能代替你去获得解脱。

勿空：哦，您是这个意思啊。经典是我们的启蒙，也是我们的参考，更是自性成长的佐证，对吧，师父？

无师：非常正确，我们每个人都具足佛性，只是被俗念覆盖了，能够拨云见性，便是修行的精髓。修行并不是让我们有所得，而是让我们发现本无所缺！

不要悲观，也不用乐观，你只需要客观

勿空：师父，很多人说佛教悲观厌世，是这样吗？

无师：不是！如果你用悲观厌世的态度看世界和学习佛法，你是没办法开悟的，佛教并不悲观。

勿空：那佛教会是乐观的吗？

无师：也不是！佛教也不是乐观派，很多所谓的乐观主义思想，只不过是心灵鸡汤而已，起不到认识事物本质的作用。

勿空：那佛教究竟是什么观呢？

无师：佛教是客观的，是对世界和我们人类自身规律的客观描述。我们在学习和修行的过程中，既不要悲观，也不用乐观，只需要客观就好了。

勿空：嗯嗯，不以物喜，不以己悲！

勿空问禅

勿空：师父，什么是菩提？

无师：明白做人的道理，就是菩提。

勿空：什么是无明呢？

无师：做人糊里糊涂，就是无明。

勿空：哪里是净土？

无师：妄念不生，随处都是净土。

勿空：什么是开悟？

无师：知道自己错了，就是开悟。

勿空：什么是修行？

无师：不断改正错误，就是修行。

勿空：那，到底什么是禅？

无师：有什么不是呢？

十二月主题：修行与成就

暮岁的晨光

生命中的NPC

勿空： 师父，怎样才能活得不那么累？

无师： 面对生活，有两种活法，一种压力重重，一种自由潇洒，区别只在于一点。

勿空： 啊？哪一点？活法还有什么两种啊？

无师： 生活就是你看到的这个样子，区别在于你把它看成什么。你可以把它看成一场无数玩家的联网竞技，也可以把它看成一个人的单机版生存冒险。两种活法，不同心境。

勿空： 您给解释解释。

无师： 如果你把生活看成所有人一起的超级联网竞技，每个人都是真实的玩家，你就会把所有人当成竞争对手，你的目的始终都是要战胜对手，求得生存，他人的成绩就是你获胜的障碍。于是，贪婪、嗔恨、愚痴、傲慢、怀疑会导致你时时刻刻焦虑。

勿空： 可是事实不就是如此吗？

无师： 不是的，你这一生只会体验自己的生活，而除你之外的所有人和事，都不受你的操控，都是你生命中的NPC扮演者。他们都有各自的剧本，有着各自的设定，是配合你这一生不断升级的群众演员，有的打击你，有的鼓励你，有的擦肩而过，有的常伴左右。

勿空： 啊！这个观点好新鲜，的确是啊，他人我谁都控制不了，真的就像生命中的NPC一样啊。

无师： 如果你这么看待生活，哪里还会有焦虑呢？因为你知道所遇到的一切，虽然有富贵贫穷，有高尚粗俗，但都是你生命游戏中的NPC设定，是你的成长线索和助缘。你只要好好修炼，升级打怪就行了。

如果面对整个游戏中的 NPC 设定也能生起贪念、嫉妒、嗔恨、攀比的话，那你可就太傻了。

勿空：哈哈，师父您今天这个比喻，让我真的如释重负啊，谢谢。

修行，不是因为有多么大的智慧，恰恰是因为有太多的愚痴和烦恼

勿空：师父，我很高兴能跟您一起修行。

无师：为什么？

勿空：因为我们修行人都很有智慧啊！

无师：你说反了，我们学佛修行恰恰是因为有太多的愚痴和烦恼。

勿空：那我们学佛修行至少会有很多功德啊！

无师：也没有，我们学佛修行恰恰是因为知道自己有太多罪业需要去消除。

勿空：那至少可以远离尘嚣，清净处事，这样也不错。

无师：不可以。学佛修行需要积极处事，处处精进才对，佛法在世间，不离世间觉。你跟我修行是为了什么呢？

勿空：我希望离苦得乐，今后不再遇到烦恼。

无师：那你注定会失望了。苦乐不二，你需要知道烦恼和痛苦，才是觉悟的契机。

勿空：啊？我错得这么离谱吗？那求佛菩萨保佑指定没错了吧？

无师：我们学佛更不是去仰望神灵，做个精神乞丐，祈求施舍恩惠，而是要内观自我，找到内心本自具足的佛性。菩萨没有义务保佑任何人，能给你带来觉悟智慧的人，只有你自己。

凡夫的脚印

勿空：师父，参透佛法，到达彼岸的境界是幸福的吧？

无师：是啊，是幸福的！

勿空：可是能做到的人寥寥无几啊，大众凡夫们的幸福又从何而来呢？

无师：一辈子一直有目标，一直在为之努力，但没实现；这一生有很多问题，一直在思考，但没想明白，这就是我们普通人的幸福啊！

勿空：啊？？？我没听错吧？实现不了目标，想不明白问题，这应该是烦恼才对啊，怎么会是幸福？

无师：修行最核心的价值是在路上，不是中途到岸不再前行。我们这一生，永远都需要往前走，永远需要不断思考和修正，这样充实地度过这一生，便是幸福。

勿空：啊！我以前从来没有这样想过，我始终认为彼岸是修行的目标，没想到您说过程才是……

无师：对于我们修行的人来讲，这个过程才是最有价值的部分，每时每刻都伴随左右，你会穷尽一生走在路上。彼岸并不在遥远的天边，而是在你的脚下，是你前行每一步留下的足印。

高大上的乞丐

勿空：师父，请问修行的目的是什么？

无师：无欲无求，随遇而安。

勿空：无欲无求还需要修行吗？

无师：不修行的话，请问你做得到吗？我们凡夫的身心都被欲望填满，小到饮食男女，大到成佛开悟，都离不开一个“欲”字，区别只是短暂世俗与长久超脱罢了。世间的欲望或许你都已放下大半，但仍然不能降服自己内心的虚幻妄想，看似外表平静，内心已然万马奔腾。

勿空：可是如果把普度众生作为目的追求，也算欲望吗？

无师：欲求度人，请先度己，自己都在泥潭，如何救人于水火？能够降服自心的勇者就是菩萨，如果你认为菩萨就是来满足世人欲望的，那你真误会他们了。

勿空：可是，您看大家不都说菩萨是有求必应吗？而且我们在寺院拜佛时，不也都是在许愿吗？

无师：那些都是世人的自我安慰罢了，普通民众因此而获得内心的平静，这没有问题，但作为修行之人你要知道，信仰不是用来满足欲望的，反而是用来斩断欲望，否则不过是披着信仰外衣的精神乞丐罢了。

把工作当修行，你就已经成功了大半

勿空：师父，我在工作中总是犯错，感觉自己很失败，这个用佛法也能对治吗？

无师：所有你在世间做的事都脱不开佛法的逻辑，工作当然也可以了。

勿空：那您说说这个怎么破呢？

无师：把六度法则用在工作里，你必然会信心满满。

勿空：师父您说的是布施、持戒、忍辱、精进、禅定、般若这六度吗？

无师：是的。用布施之法指导工作，是指我们在工作中唯一要思考的就是如何帮助团队尽快保质保量完成工作任务，不去计较谁多谁少，全情帮助队友的同时也在帮助自己成长，这样的心态没有哪个同事和公司不欣赏。

勿空：哦，的确，很多工作上的抱怨就是来自太计较得失。

无师：用持戒之法指导工作，是要坚持原则，做任何事都需要有原则、有底线，损人利己、黄赌毒的事不能碰。坦荡做人，高调做事，不留后患。

勿空：嗯，不管做人做事都要有自己的原则。

无师：用忍辱法指导工作，是指你在工作当中一定会有不被理解，甚至被指责谩骂的情况出现，要学会忍辱，不卑不亢，就事论事。这样不但能化解矛盾，还可以提升自己的修为。

勿空：嗯，我就是控制不好自己的情绪。

无师：如果你希望做出优异的成绩，必然要精进学习，精进思考，补充知识，学习技能，勤能补拙。

勿空：嗯，那是必需的。

无师：禅定之法可以教你遇事不慌乱，沉着冷静面对困难。这是难得的管理型人才需要具备的素质。

勿空：厉害了！

无师：最后一个——般若智慧，是指你在工作中要比他人有更高的认知维度，做到未雨绸缪，战略战术都需要大智慧来谋定。

勿空：佛学果然可以指导工作啊。

无师：你看，修行和工作不但完全不冲突，而且融为一体。如果你能把工作当作修行去做，做到这六度，不成功都很难啊。

勿空：嗯嗯，谢谢师父，我记住了。

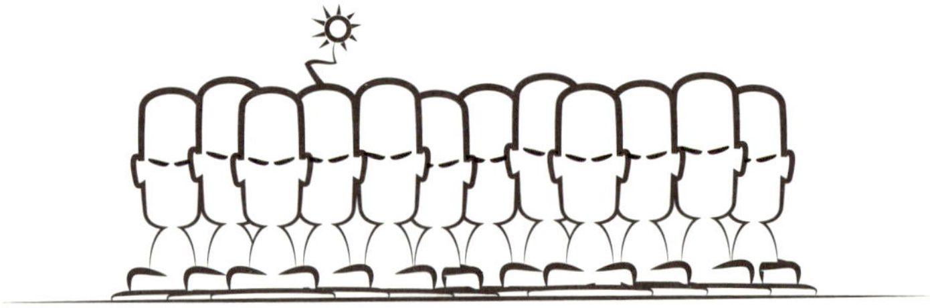

人生是一场与任何人都无关的独自修行

勿空：师父，我遇事总是犹豫不决，有治吗？

无师：如果我告诉你，不论你如何抉择都是对的，你会不会轻松一些？

勿空：不会啊，师父，有的时候选错了就晚了，不是有句话说："一失足，成千古恨"吗？

无师：面对大是大非，你也不会犹豫。你既然犹豫，就代表事情走向是可左可右，所以不妨大胆一些，因为不论你怎么走都不会错的。

勿空：我还是不太理解，怎么会每条路都对呢？

无师：人生是一场与任何人都无关的独自修行，在这条悲欢交集的道路上，除了你自己以外，路过的一切人和事都是素材。不论是亲人还是陌生人，每个人都是自己生活的导演。不论是悲剧还是喜剧，都是人生大戏必不可少的戏份。你所有的付出与牺牲，最终的受益人都是你自己。不用对之前的抉择有悔意，不论是悲是喜，那都是生活送你的大礼。

勿空：我似乎明白些了，我就是胆子太小，总怕走错路。

无师：回看过往，我们所有人的人生轨迹都只有一条，所有的选择都是唯一的选择。与其纠缠于对错，不如坦然面对，因为早晚你都会失去它们。

“真相”并非你想的那个样子

勿空：师父，这世界的真相到底是什么样子？

无师：这世界并没有“真相”，凡所有“相”，皆是虚妄。你有你的“真相”，他有他的“真相”，我们都是不一样的人，从来没有两个相同的“真相”。

勿空：啊？那您说的每个人各自的“真相”又是什么呢？

无师：每个人的思想和认知千差万别，瞬息万变，而愚痴的我们恰恰认为有唯一的“真相”，一生苦苦追寻着，没有尽头。终有一日回头，才会发现，所谓“真相”不过是这一生与众不同的经历，它一直在自己心里，伴随左右，从不曾离开，也不曾被你开启。

勿空：那如果每个人心中的“真相”都各自不同，为什么还要统一认知呢？

无师：诸行无常，诸法无我，并不是指要让大家一起找到一个大一统不变的“真相”，而是告诉我们，认识自己内心所独有“真相”的共同方法。掌握了这样的方法你才会发现，你的认知就是属于你独一无二的“真相”。没有什么是恒常不变的，每一个个体对世界不断的认知，就是属于他的“真相”，不用外求。何其自性，本期具足。你还想去哪里寻找这个世界的“真相”呢？

修为的层级

勿空：师父，我怎么判断自己的修为到了什么层次呢？

无师：看你周围的人。

勿空：什么意思？看他们做什么？

无师：你的朋友们代表了你的修为。如果你发现你身边优秀的朋友越来越多，或者你的朋友们变得越来越优秀，那就证明你有了很大的进步。

勿空：那为什么呢？

无师：因为你的修为会影响你的处事风格，不认可你的人会慢慢疏远你，与你志同道合的人会慢慢向你靠近，而一直在你身边的朋友，更是会受你的影响。所以，如果你发现身边有越来越多高素质的朋友，或者发现身边的朋友们的水平在不断提升，那就证明你的修为也在不断提升。

勿空：嗯，我明白了。不过，我具体到了什么层次，我还是不知道啊？

无师：我们在世间修行，过程比结果重要得多。你需要收获的是每天的进步，而不是去达标打卡。就像玩游戏，一旦通关了，你就不会再玩了。

勿空：啊哦，我懂了，谢谢师父指点。

挣钱与修行

勿空：师父，挣钱与修行有关系吗？

无师：生活、工作、挣钱、养家，这对于在世间的我们来讲，是必不可少的日常，如果你把这些跟修行割裂开来，那修行不就变成形式了吗？就像是生活的附属品，那样就丧失了修行的本质了。

勿空：您是说应该在生活中修行是吗？

无师：不是说在生活中修行，生活、工作，本身就是修行。你处理的每一件事，面对的每一个人，解决的每一个问题，都是在修行。

勿空：那您跟我说说，挣钱这么俗的事，跟修行有什么关系啊？

无师：你看，普通人千方百计想挣钱，而且想挣大钱，想尽一切办法想把别人包包里的钱装到自己兜里。结果往往事与愿违，不但挣不到钱，还到处碰壁。偶尔挣到钱，也会因为自己的贪婪和投机的心态把钱败掉。

勿空：嗯，是这样的，那修行人会怎么做呢？

无师：修行人知道这样一个道理：你自己有多成功，取决于有多少人希望你成功；你有多富有，取决于有多少人期望你挣到钱。于是，他会放下从别人手里挣钱的念头，转而非常努力地去做那些能让更多人受益的事。在他的影响下，更多的人有所收获，于是自然就会有更多的人希望他越来越成功。你看，这样的发心和我们修行时自利利他的诉求是不是完全一致呢？

勿空：啊！原来这么世俗的事也有修行的原理在里面啊。

无师：佛法在世间，不离世间觉。一切行住坐卧、言谈思维，皆是修行。

也许那种滚烫的人生，就是你的修行法门

勿空：师父，我们修行就只有清心寡欲，不问世事才是对的吗？

无师：八万四千法门，万法归一，没有高下对错，适合你的就是最好的。

勿空：为啥是八万四千？这个法门是指什么？在哪里？

无师：八万四千是个比喻，意思是无量无边的意思。法门就是修习佛法的路径或方法，不同的人有不同的认知和经历，于是就有了不同的烦恼，也就对应了不同的去除烦恼的方法。

勿空：可是我不喜欢安安静静地坐在那里清修，我喜欢去创造，去学习，喜欢激情满满的工作和生活状态，怎么办？我是不是不合格呢？

无师：也许那种滚烫的人生，就是你的修行法门。

生活需要朋友，修行需要“敌人”

勿空：师父，我想修习“安忍”，请问从哪入手？

无师：嗯，你多跟勿净交流，他会对你很有帮助。

勿空：切！他就是个杠精，我可不想跟他多说话。他见谁揬谁，情商可低了。

无师：你不是要修“安忍”吗？能够修习忍让和包容的对象不正是那些反对你的人吗？你应该心存感恩，多向他们学习才对啊！

勿空：啊！

无师：生活需要朋友，可修行更需要“敌人”。正是他们不同的视角和思考方式才能让你清晰地发现问题，从而找到答案，快速进步，不是吗？也只有反对你的才能让你体会到包容啊。

勿空：哦！还真是，跟我想法一致的，的确没啥可包容的。

无师：想修习“安忍”，那就下定决心，不论什么人和你作对，都不要生气。先从内心生起感激之心，然后认真思考自身暴露出的问题，不断修正自己的思想和行为。

勿空：啊！我才意识到原来是这样。

无师：什么时候意识到都不晚，感恩那些给你制造“麻烦”的“敌人”，他们才是不断引领你进步的导师啊。

修行，不要想着从中得到些什么，否则，你什么也得不到

勿空：师父，我每天都找机会去帮助他人，但是有时候反而事与愿违，我很苦恼。

无师：在你很刻意地去帮助他人的同时，那个意念就已经干扰到他人了。你用自己的主观的意念去影响他人，对方也许会承受很大的压力。其实任何人在这世上生存，他所遇到的任何事都是在其自身能承受的范围之内的。

勿空：那该怎么办？难道我看到需要帮助的人和事，不去帮吗？

无师：不是的，遇到真正需要帮助的人和事，我们应该出手相助。但帮助他人并不应该成为你的目的，而应随顺你慈悲的发心和智慧的判断。

勿空：那这又怎么权衡呢？

无师：你做的善事是自然不刻意地去做的，就是值得做的。刻意去做的事一定有潜在的动机，比如希求功德。

勿空：嗯，我的确有刻意去做，不过我只是想让他人感受到我的慈悲心态和行为，从而引导他们向善，并没有求功德的心态。

无师：嗯，那很好。做好自己，健康、阳光地生活，别人靠近你的时候会感觉很舒服；自然地喜悦，慢慢也会自然地改变，不要刻意为之。莫舍己道，勿扰他心，修行无处不在，随时随地都在其中……

所谓捷径，大多通向泥沼

勿空：师父，请问修行悟道有什么捷径吗？

无师：所谓捷径，大多通向泥沼。

勿空：这是什么意思？

无师：不论修行悟道还是事业发展，都只有勤勉努力这一条路。可是大多数人都自作聪明，总想抄近路，少努力，为能占到些便宜沾沾自喜，可是最终都会被引入各自不同的泥沼。只有那些勤勉努力、踏踏实实工作和学习的人，才会最终走出混沌，发现光明。

勿空：哎，是啊，每个人都认为自己聪明，别人愚钝，可能真正傻的人就是自己。

无师：是的。真正的价值都善于伪装，机会伪装成了困难，捷径伪装成了障碍，智慧伪装成了烦恼……所以，感恩一切不如意吧，它们都是来助力你成长的。

勿空：嗯，我明白了，我需要好好认清自己。谢谢师父指点。

奇迹中的奇迹

勿空：师父，我学了这么多年，可还是经常烦恼、痛苦、爱发脾气，依然多愁善感，这可咋办呢？愁死我了。

无师：不着急，我们先来看看这个世界……

勿空：啥？

无师：你看，在如此浩瀚的宇宙中有个太阳系，它带着一帮小兄弟转了几十亿年，而其中就有一颗温度、湿度刚刚好，岁月轮替超适宜，四季变换特丰富的地球，你是不是觉得这是个奇迹？

勿空：嗯，不得不说，这是个奇迹。

无师：在这颗蓝色星球上竟然有如此众多的生命形态，从微生物到植物到动物，天上飞的、水里游的、地上跑的，你觉得这算不算奇迹？

勿空：嗯，必需的，生命形态实在太复杂、太丰富了，的确是奇迹。

无师：在这样众多的生命形态里衍生出了具备思维能力和群体智慧的人类，而且历经了数十万年的演化发展到现在，是不是个奇迹？

勿空：是奇迹！

无师：最伟大的奇迹来了，你知道是什么吗？

勿空：啊？还有什么更伟大的奇迹吗……想不出来啊！

无师：最伟大的奇迹就是，在如此众多的生命之中，竟然有一个是你！

勿空：啊？！

无师：你就是奇迹中的奇迹中的奇迹啊！

勿空：师父，您这个观点……

无师：你看，这一生中遇到的所有事、所有挫折或者成就，在这个奇迹面前，哪里还值得一提呢？

勿空：啊！的确，那这么看，我这点小情绪算个啥啊？

无师：心小了，事就大了；心大了，事就小了。你拥有如此奇迹般的生命，去好好经历和体验不好吗？

勿空：哎，是啊是啊，我懂了，实在是惭愧啊。谢谢师父指点。

出世的智慧，入世的生活，行坐皆可修行，触目无非道场

勿空：师父，我想精进修行，请问哪里有比较好的道场，介绍一下呗？

无师：你站起来，伸开双臂，方圆一米，这就是最棒的那个。全方位无死角，随身移动菩提道场，还想去哪里找？

勿空：啊？这……

无师：行坐皆可修行，触目无非道场！向外找，无处可寻；往内看，遍布光明。

勿空：那佛法博大精深，我们该如何去印证呢？

无师：你每天，每时每刻都在佛法的练习场，随处都可印证。学习佛法出世的智慧，用来指导入世的生活，佛法在世间，不离世间觉。

勿空：学习出世的智慧，指导入世的生活，这不会矛盾吗？

无师：你生在世间，要在这里过一辈子，不论你去哪里都躲不开。如果用出世的态度去过这一生入世的生活，那反而会有矛盾。这也是很多人对佛学有偏见的原因。学佛不会因此超凡脱俗，高人一等。我们没有任何特别之处，不要高看自己，更不应小视他人。

勿空：嗯嗯，弟子记住了，谢谢师父。

解脱不是目的，而是蕴藏在整个生命过程中的那一份熟悉

勿空：师父，我什么时候才能够开悟解脱啊？

无师：我们修行并不是要完成开悟解脱的任务，把持着这样的心态，是没法解脱的。

勿空：啊？难道我们修行不是为了开悟解脱吗？

无师：修行是过程，而不是一个个分拆开来的目标，即使最远端的目标，也应该放下。我们会度过这一生，而不是去完成它。修行是我们不断了解真理的过程，并没有实际意义上的目标，没有任何人会告诉我们已经抵达终点开悟解脱了，因为抵达便意味着停止。放下执念，不断精进学习，感悟生命带给你的智慧，平静喜乐地度过一生便好……

勿空：啊！谢谢师父，这个我还需要好好体会……

无师：解脱不是目的，而是蕴藏在整个生命过程中的那一份熟悉。

附录一：“觉得”

1. 每晚的沉睡会结束一切，第二天黎明时重生。

2. 讽刺和挖苦，是把讨论变成争执的钥匙。

3. 生活中遇到的每一个人，都是菩萨。

4. 爱本身就是回报，有所预期的爱，那是交易。

5. 真正的布施，不需要任何回报。

6. 比出家更重要的是“出枷”——走出内心的枷锁。

7. 出家在家皆修行，当下便是。

8. 听闻但不思考，就是迷信。

9. 勿空，你是皈依手机了吗?

10. 不寄期望于他人的认同，便不会有烦恼。

11. 修行就是做减法，把贪、嗔、痴越减越少。

12. 佛法不用四处去找，你每时每刻都生活在佛法里。

13. 伸出双臂画个圆，这就是你的一米道场。

14. 孤独是生命的常态，学会跟自己相处。

15. 一个人只能和自己达到完美的和谐。

16. 积极的人，此生便是净土。

17. 抱怨就像磁铁，吸引不幸降临身边。

18. 是受害者心态，让你从女王活成了怨妇。

19. 总认为自己对，那就错了。

20. 很多人的爱与信仰，只不过是想求得“收支平衡”。

21. 认识到自己与他人、与自然无二无别，所以同体大悲。

22. 每个人最终都会活成元素周期表。

23. 相处和谐的秘密就是，在每个可以选择猜疑的小瞬间，都选择了善意。

24. 你或许脱离了世俗，但却戴上了“佛教徒”这副面具。

25. 去吧，顺便带些“神通”回来吃。

26. 烦恼与快乐无二无别，缺了一半就体会不到另一半。

27. 乞丐只会嫉妒旁边比他要到更多钱的乞丐。

28. 所谓开悟，就是你知道之前自己“错了”。

29. 内心没有妄念，所做不希求回报，这便是功德。

30. 善行是功，善心是德，无须外求。

31. 婚姻不幸福，不是缺少爱，而是缺少友谊。

32. 发脾气只能证明你的智商无法解决遇到的问题。

33. 愚痴带来嫉妒，嫉妒发酵贪婪，贪婪产生傲慢，傲慢导致嗔恨，嗔恨引发烦恼，烦恼迷醉人生。

34. 学佛要利益众生，不过别忘了，你自己也是众生。

35. 原谅和宽容他人是对自己的慈悲。

36. 法无高下，心有大小，适合你的就是最好的。

37. 傲慢在心，无论如何都会溢于言表。

38. 学佛不是做交易，菩萨不会满足你的私欲。

39. 心性越简单越自由。

40. 正是你所犯的所有错误，成就了现在的你。

41. 学会独处，就是在体会自由。

42. 起心动念皆是轮回。

43. 不断做善事，就会增加得到善果的概率。

44. 伤口是光进入你内心的地方。

45. 你每犯一个错误都是一颗自身觉悟的种子。

46. 没见过世界，哪来的世界观？

47. 欲望不可怕，谁都有，可怕的是禁不起诱惑的心。
48. 这个身体，只是我向这个世界租来用的而已。
49. 放下心中"贪、嗔、痴"这把刀，当然立地成佛。
50. 先学会做人，别希求成佛。
51. 心眼儿的大小和烦恼的程度成反比。
52. 佛教徒并没有特别之处，不值得自豪。
53. 所有的不乐意，都是你自找的。
54. 戒律是自己言行的参照，不是衡量他人的标尺。
55. 先别奢求慈悲，请先做到善良。
56. 烦恼恰恰来自你想要不生烦恼的执着。
57. 生命里遇到的所有问题和挑战，都是为你量身定做的。
58. 愿你深深地感受痛苦，然后将其化作慈悲。
59. 和你争执的那个人，代表着你的无明。
60. 幸福就是感受当下的能力。
61. 所有的困难都是你的想象。
62. 人生没有标准答案，谁说一定要满分？
63. 共识可能是假的，但分歧一定是真的。
64. 对错不用争辩，吵的都是情绪。
65. 你眼中的他人之过，恰恰是他解决问题的方法。
66. 每一个观点都是偏见。
67. 一旦你决定了想成为什么样的人，你的心便不再自由。
68. 走不出心的枷锁，到哪里都是囚徒。
69. 悲时不语，怒时不争，喜时不诺。
70. 别担心，你怎么活都没错。
71. 行坐皆可修行，触目无非道场。
72. 没人介意一个智者曾经多么愚蠢。

73. 上智下愚者不移，中智必乱。

74. 想，都是问题；做，都是答案。

75. 小疑小悟，大疑大悟，不疑难悟。

76. 每时每刻都是善缘的起点。

77. 之所以累，是因为能左右你心情的事太多了。

78. 浅浅喜欢，静静爱；深深思索，淡淡释怀。

79. 悟出世的智慧，过入世的生活。

80. 今天是你余生的第一天，生日快乐！

附录二：人类的“小心眼”

Hello，大家好，我是一觉同学。首先声明，这篇文章与佛学无关，是一篇杂想文章，没有任何宗教色彩，请别戴着任何既有思想的眼镜看，或许你会有所收获。

一、生老病死

先说生老病死吧，这是自有人类以来一直困扰我们的四大基础事件，八苦之四，另外四个是求不得、爱别离、怨憎会和五蕴炽盛（啥意思大家自行百度吧）。

咱只说这四样最基本的“苦”。你有没有发现，这生老病死四样都跟医院有关，这四样苦基本可以归纳成两类：“生”和“病”。没错，其实，“老”在某个角度看就是病的一种，是一种极其慢性的病；死呢，就是病的结果。

二、五大营养

再来说个概念，我们人能够从自然界吸收的营养，逃不开这五样基本物质：

1. 吃的食物（来自植物、动物，等等）。

2. 喝的水。

3. 呼吸的空气。

4. 接受的阳光（这个别忘了）。

我们整个生命历程只从外界接受了这四样基本物质，这四大基本物质也都是由基本原子组成，而原子又由质子、中子、电子组成（细分下去还有更小的物质单位）。除了这四样基本物质，我们还吸收什么高级物质吗？

有啊!

5. 我们的六识产生的影响，也就是我们看到的、听到的、闻到的、尝到的、摸到的，以及由此而想到的，这些也会转化到我们的身体中形成一部分的“我们”。

三、生

我们再来看看生的循环:

第一步：父亲的精子和母亲的卵子携带各自的DNA结合成一个单体，置于母亲子宫。

第二步：在母体内通过脐带吸收母亲传递的营养不断长大，这营养来自哪里呢？来自母体从外界吸收的五大营养。

第三步：当胎儿正常分娩离开母体后自然成长，依然是吸收外界的五大营养。

第四步：长大成人后遇到TA，两个人的基因再次重组，继续下一个循环。

OK，生就是这么简单的一个过程。所以你就是在遗传基因的基础上，由你吃的东西、喝的水、呼吸的空气、接受的阳光以及六识感受的外界，不断分解、吸收转化而成的一大团物质的集合体。

四、病

为什么人会生病?

1. 人除了先天的DNA外只接受了五大营养，那么病变源于摄入了不利于生命的“五大”，吃坏了、喝坏了、空气污染了、辐射伤害以及坏情绪。

2. 先天DNA缺陷及后天变异。

3. 其他个体传染（也是因为自身缺陷导致可以被传染）。

4. 外界伤害（比如交通事故，等等）。

5. 思想及情绪影响下的机体变化，如走火入魔，等等。

五、老

老在某种程度上也是病的一种，源自机体细胞的老化，是一种极慢性的病而已，是病就可以治，下文详述。

六、死

死比较有意思，死是病的结果，由于活人对这玩意没有发言权，所以搞得很神秘，绝大多数宗教都是源自对死亡的恐惧。

组成我们机体的细胞都失去了活力之后，机能停止，思维停止，然后被他人处理掉，原本的有机大分子结构被分解成碳、氢、氧、氮、磷、硫，回归到自然界而已。

其实我们每天都在经历这个过程，通过新陈代谢把部分死亡的机体回归到自然（比如呼吸、洗澡、理发、拉屎、放屁……）。

那么，问题来了：如果这些问题都被解决了会怎样？

1. 基因编辑 + 试管受精 + 人造子宫，可以解决生产全过程中可能出现的痛苦以及先天 DNA 缺陷。虽然现在还没有办法完全实现，但我相信科技发展的速度高出我们的想象（由此产生的伦理问题我们下面再谈）。

2. 治愈疾病是人类出现医学以来一直在努力奋斗的事，百年前的不治之症，现在只要一支疫苗就能解决，致死的病种越来越少了。医学在不断飞速发展。未来，不治之症会越来越少，甚至是慢慢消失（当然也会有新的疾病出现）。

3. 人体细胞衰老，也有它的物理和化学原因（比如针对端粒酶的研究），解决细胞衰老只是一个时间问题。

4. 在未来，随着材料的进步，你会发现越来越多的人造器官，3D 打印复杂人体器官成为可能，机械外骨骼可以替代人体骨骼。终会有一天，身体的各种“零件”都可以被替换，坏了修一下，“升级一版”就好了。

5. 脑机接口最终可以读取和存储脑电信号，并将其转化为数字信号处理。你可以把全部知识、情感、意识、思想转化成数字信号直接上传到网络，分享和交流，并不断更新迭代，并输回大脑（不过貌似回不回来意义不大了）。

你看，早晚有一天，生老病死的问题都会被解决，到那时现有的宗教体系都会被颠覆，人们需要建立新的信仰。

七、平衡

一切都源于平衡，小群体的平衡（个体适应）、大群体的平衡（比如政治体制）以及整个自然界的平衡（这个不用瞎操心，不论人怎么折腾，即使都死翘翘了，地球自己也会保持平衡）。

每个人要想好好活一辈子，就必须取得平衡，每个人都在付出价值以换取生存资源（包括物质资源和精神资源）。凡事有度，能取得平衡就是最佳。一旦打破平衡，你将陷入麻烦。

其他相关概念阐述：

社会：一个由个体组成的综合平衡协作群体。

宗教：为了建立综合平衡而产生的思想及行为规范总和，也是群体思想取得平衡的方法。

意识：意识是有物质基础的，可以是原生物质，也可以是人造物质（自我意识依赖人造大脑环境存在我相信是有可能的）。

感情：源于对事物的神经元反射，同步程度越高，越亲近。

神通：就是别人能做你做不到、想不到的事，比如生活在100年前的人不可能理解什么是移动电话和互联网。

自然：自然完全不在乎你想什么、干什么。走遍世界你会发现被困于地球，想要离开这个世界是不可能的，永远会以某种物质形态存在。

生活： 每个生命只有一次生存的机会（包括植物、动物、人），尽可能去体验吧，但前提是保持平衡，否则后果自负。

时间： 机体和思维不断存续的计量单位，没有实际意义（当死亡问题被解决后）。

文化： 通过先天遗传和后天环境改造而形成的群体习性，文化可能也是符合进化论的，是个自然淘汰的过程。

进化： 有了深度学习和进化算法之后，计算机可以超高效地模拟各方面的进化过程，包括医学、社会学、工程、物理、数学甚至是艺术，这会使得新知识、新技术呈指数级增长，会用极短的时间超越人类数万年的发展，这个貌似很快就能看到了。

知识： 最早是口传心授，后来被记在书上，再后来存在硬盘里，再后来共享在互联网云端，再后来就是通过进化算法不断自行生产了。

宇宙： 探索宇宙很让人兴奋，但也许宇宙本是一个纯数据模拟体，只是逻辑非常严密，身在其中的算法及算力没办法找到缺口破解这个系统，也说不定哦。

历经六年，从第一篇小文开始，七七八八说了这么多年，今天终于汇编成册，把之前的内容做了一次全面梳理，如果你耐心地看到了这里，那咱们真的太有缘了，一定有很多共同点，期待你的交流，谢谢！

最后，祝你生日快乐！

我是一觉同学，你的同班同学！

谢谢！

图书在版编目（CIP）数据

勿空与无师 / 一觉同学 著 .—北京：东方出版社，2022.3
ISBN 978-7-5207-2569-9

Ⅰ.①勿… Ⅱ.①一… Ⅲ.①人生哲学—通俗读物 Ⅳ.① B821-49

中国版本图书馆 CIP 数据核字（2022）第 039531 号

勿空与无师
（WUKONG YU WUSHI）

作　　者：一觉同学
责任编辑：黄　娟　王　艳
责任审校：曾庆全
出　　版：东方出版社
发　　行：人民东方出版传媒有限公司
地　　址：北京市东城区朝阳门内大街 166 号
邮　　编：100010
印　　刷：北京联兴盛业印刷股份有限公司
版　　次：2022 年 3 月第 1 版
印　　次：2023 年 6 月第 2 次印刷
开　　本：710 毫米 ×1000 毫米　1/16
印　　张：19
字　　数：100 千字
书　　号：ISBN 978-7-5207-2569-9
定　　价：79.00 元
发行电话：（010）85924663　85924644　85924641